PEIDIANWANG KUIXIAN ZIDONGHUA
JISHU YU YINGYONG

配电网馈线自动化技术与应用

主　编　梁伟宸
副主编　李　杰　王亚娟　刘　珅

中国电力出版社
CHINA ELECTRIC POWER PRESS

内 容 提 要

开展馈线自动化实用化建设是提高配电网供电可靠性的重要手段之一。本书从技术理论和工程实践的角度，系统介绍了配电网馈线自动化技术。

本书共分为 9 章，第 1 章介绍配电自动化系统基础概念，第 2 章介绍主站集中式馈线自动化，第 3 章介绍就地重合器式馈线自动化，第 4 章介绍智能分布式馈线自动化，第 5 章介绍级差保护与馈线自动化混合应用，第 6 章介绍馈线自动化功能测试，第 7 章介绍馈线自动化现场实施，第 8 章介绍有源配电网故障特征及适应性评判，第 9 章为典型应用案例分析。

本书可为配电网相关从业者以及高等院校师生提供研究和建设参考。

图书在版编目（CIP）数据

配电网馈线自动化技术与应用 / 梁伟宸主编 . —北京：中国电力出版社，2024.3
ISBN 978-7-5198-8254-9

Ⅰ. ①配⋯　Ⅱ. ①梁⋯　Ⅲ. ①配电系统－馈电设备－自动化技术　Ⅳ. ① TM727

中国国家版本馆 CIP 数据核字（2023）第 207629 号

出版发行：中国电力出版社
地　　址：北京市东城区北京站西街 19 号（邮政编码 100005）
网　　址：http://www.cepp.sgcc.com.cn
责任编辑：赵　杨（010-63412287）　李耀阳
责任校对：黄　蓓　朱丽芳
装帧设计：赵丽媛
责任印制：石　雷

印　　刷：廊坊市文峰档案印务有限公司
版　　次：2024 年 3 月第一版
印　　次：2024 年 3 月北京第一次印刷
开　　本：710 毫米 ×1000 毫米　16 开本
印　　张：9.75
字　　数：193 千字
定　　价：58.00 元

近年来，国内大部分城市开展配电网馈线自动化系统建设，以提高配电网供电可靠性。馈线自动化建设是一项系统性工程，需要根据配电网一次网架结构、通信条件、投资规模等进行综合规划设计。馈线自动化分为主站集中式馈线自动化、就地重合器式馈线自动化、智能分布式馈线自动化等不同类型，不同类型的配电网故障处理逻辑、布点原则、配套需求及测试方法均不相同。馈线自动化能够识别、定位、隔离配电网故障并恢复非故障区域供电，可有效提升配电网故障处理效率，提高供电可靠性。与此同时，馈线自动化配置参数较多，配合逻辑较为复杂。开展工程应用前，需熟悉馈线自动化故障处理逻辑、设备配置要求及选型原则。

本书将结合规划、建设、测试以及运维经验，从技术原理与实际应用两方面立体介绍配电网馈线自动化。本书第1章整体介绍配电自动化系统，作为后续章节的基础。第2～4章具体介绍馈线自动化的故障处理逻辑及配置要求。第5章介绍级差保护与馈线自动化的混合应用，这种混合应用模式能够进一步减小停电区域，在工程现场得到广泛应用。第6章介绍馈线自动化的测试方法，投运前开展相关测试能够有效提升设备的运行可靠性。第7章介绍馈线自动化现场运维方法与内容。第8章介绍有源配电网的故障特征及适应性评判方法，有源配电网的故障特征与传统配电网存在较大区别，在高比例分布式新能源接入场景下，馈线自动化存在不正确动作的可能，因此开展有源配电网特征分析及馈线自动化适应性评判十分必要。第9章介绍具体应用案例。

本书编写团队在广泛收集馈线自动化理论与现场资料的基础上，研读了大量公开发表的论文、专著、标准及规范，借鉴了很多专家学者的真知灼见，在此一并表示衷心的感谢。书中不妥之处敬请读者批评指正。

编者

2023 年 10 月

1 配电自动化系统

1.1 概　　述

配电自动化系统是实现配电网运行监视和控制的自动化系统，采集配电站室、环网柜、柱上断路器、配电变压器、低压设备的电气量及状态量信息，通过配电自动化主站集中分析或就地分析，控制配电开关、配电自动化终端等设备，实现对配电网的优化控制。建设配电自动化系统的主要目的是提高配电网供电可靠性，减少配电网运维人员的工作量，提升配电网的运行效率。

配电自动化系统主要由配电自动化主站、配电自动化子站（可选）、配电自动化终端和配电通信网络等部分组成，配电自动化系统结构图如图 1-1 所示。

图 1-1　配电自动化系统结构图

配电自动化主站是配电自动化系统的核心部分，主要实现配电网数据采集与监控等基本功能和电网分析应用等扩展功能。配电主站是实现配电网运行、调度

1

和管理等各项应用需求的主要载体，应构建在标准、通用的软硬件基础平台上，具备可靠性、可用性、扩展性和安全性，并根据各地区的配电网规模、实际需求和应用基础等情况合理配置软件功能，采用先进的系统架构，具有一定的前瞻性，满足调控合一要求和智能配电网发展方向。

配电自动化子站是为优化信息传输及系统结构层次、方便通信系统组网而设置的中间层，定位在变电站或大型开关站中，负责辖区内配电终端的数据集中与转发，实现所辖范围内的配电网信息汇集、处理以及故障处理、通信监视等功能。

配电自动化终端（以下简称配电终端）是安装于配电网现场具备远方监测及控制功能的设备，主要包括馈线终端（FTU）、站所终端（DTU）、配电线路故障指示器、台区智能融合终端等。

20 世纪 90 年代，我国逐步开展了配电自动化系统的试点建设工作。1996年，在上海浦东金藤工业区建成基于全电缆线路的馈线自动化系统（feeder automation，FA），这是国内第一套投入实际运行的配电自动化系统。1999 年，在江苏镇江试点以架空和电缆混合线路为主的配电自动化系统，并以此为主要应用实践起草了我国第一个配电自动化系统功能规范。2002 ～ 2003 年，杭州、宁波配电自动化系统和南京城区配电网调度自动化系统相继开展建设，是当时投资规模最大的配电自动化项目。2005 年，县级电网调度 / 配电 / 集控 /GIS 一体化系统，在四川双流区成功应用。2006 年，上海开展了以电缆屏蔽层载波为主要通信手段、以“两遥”（遥信、遥测）为主要功能的配电网监测系统建设。

2009 年，国家电网有限公司（以下简称国网公司）开展系统性配电自动化试点建设，选取北京、厦门、杭州、银川作为第一批试点。2011 年，国网公司推广配电自动化试点建设，选取上海、郑州、唐山等 19 个地市作为第二批试点。2012 年，在第二批试点的基础上增加了济南、苏州、南昌等 7 个试点地市。2013 年，全国第一个省域配电自动化系统全覆盖工程（山东）建设完成。2014年，国网公司对配电自动化系统标准进行修编，并完成智能配电网顶层设计。2016 年，国网公司提出新一代配电自动化系统建设，明确了做精 I 区、做强Ⅳ区、安全加固系统建设等指导思想。2018 年，国网公司提出配电物联网架构及构想，提出以“云、管、边、端”为架构的配电网构想。

1.2　配电自动化主站

配电自动化主站一般配置在省公司或地市公司机房，主要由计算机硬件、操作系统、支撑平台软件和配电网应用软件组成，具备横跨生产控制大区（ I 区）、管理信息大区（Ⅳ区）和互联网大区一体化支撑能力，满足配电网的运行监控和运行状态管控需求。配电自动化主站具备配电网数据采集与监视控制系统（DSCADA）、馈线自动化、配电网分析应用及与相关应用系统互连等功能。

DSCADA 通过人机交互，实现配电网的运行监视和远方控制，为配电网的生产指挥和调度提供服务。DSCADA 采集安装在各个配电设备处的配电终端上报的实时数据，并使配电调度人员能够在控制中心遥控现场设备。DSCADA 一般包括数据采集、数据处理、远方监控、报警处理、数据管理等功能。

馈线自动化是利用自动化装置或系统，监视配电线路的运行状况，及时发现配电线路故障，迅速诊断出故障区间并将故障区间隔离，快速恢复对非故障区间的供电。

配电网分析应用可实现配电网运行、调度和管理等各项应用需求，支持通过信息交互总线实现与其他相关系统的信息交互，提供丰富、友好的人机界面，可以实现网络拓扑、潮流分析、短路电流计算、负荷模型的建立和校核、状态估计、负荷预测、供电安全分析、网络结构优化和重构、电压调整和无功优化、培训仿真等应用功能。

配电自动化主站分为生产控制大区、管理信息大区和互联网大区，各区主要功能如图1-2所示。生产控制大区主要完成配电网调度监控，包括数据采集处理、操作与控制、综合告警分析、馈线自动化、拓扑分析、负荷转供、事故反演、分布式电源接入与控制、专题图生成、状态估计等功能。管理信息大区主要完成配电网运行管理，包括多协议终端接入、配电网数据处理、低压台区监测、线路监测、设备/环境状态监测、智能告警、配电终端管理、缺陷分析、数据质量校验、馈线自动化分析、接地故障分析、单相接地故障处理、故障综合研判、分布式电源管理、充电桩有序充电、配用电储能管理、配电网运行仿真等功能。互联网大区通过与管理信息大区数据交互，具备配电自动化系统的查询服务、工单服务等移动端业务应用。

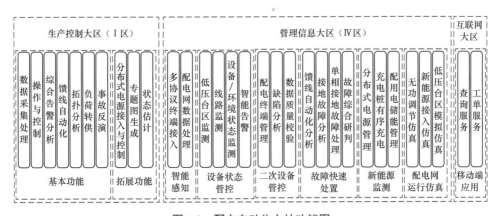

图1-2　配电自动化主站功能图

根据各地区生产控制大区和管理信息大区配置形式的不同，主站建设可分为以下三种模式。N+1 模式：生产控制大区分散部署在各地市公司或区县公司，管理信息大区统一部署。N+N 模式：生产控制大区和管理信息大区均分散部署在各地市公司或区县公司。1+1 模式：生产控制大区和管理信息大区均统一部署。

目前，国网冀北电力有限公司正建设省级配电自动化主站，由 N+N 模式逐步转变为 N+1 模式，省级配电自动化主站结构图如图 1-3 所示。

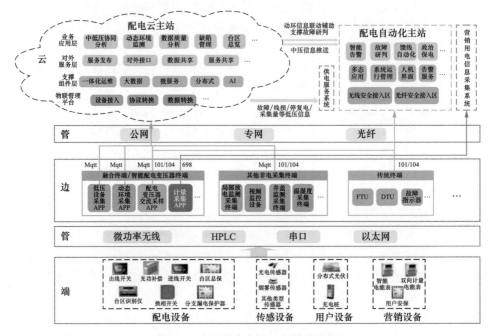

图 1-3　省级配电自动化主站结构图

省级配电自动化主站处于"云管边端"中的云层，其架构充分考虑了配电网设备覆盖广、布点多的特征。云主站平台采用大数据、微服务、容器管理、人工智能等技术，满足海量末端设备即插即用、应用快速上线、多平台数据有效融合等业务需求，支撑电网中低压统一模型管理、数据云同步、应用程序（APP）管理等功能。省级配电自动化主站主要部署如下功能：

（1）实现中压和低压配电网各类运行、状态及环境数据的接入和采集，实现配电网综合监控，达到配电网全面感知。

（2）基于云平台、物联网、大数据分析技术等充分挖掘配电自动化数据，融合配电网运行数据与管理数据，拓展配电网基础应用功能，深化配电网运行管理业务应用，提升配电网智能运行管控水平。

（3）结合国网冀北电力有限公司配电网实际运行情况，提升配电网图模管控能力，实现"站—线—变—户"贯通，开展配电网图模管控与"电网一张图"特色业务应用。

（4）基于配电云主站系统开展配电网感知类数据共享服务，支撑配电网业务数字化共享服务构建，探索数字共享服务支撑电网资源业务服务新模式。

1.3　配电自动化终端

1.3.1　馈线自动化终端（FTU）

FTU 是指安装在中压配电线路柱上断路器等处，具有"三遥"（遥信、遥测、遥控）等功能的配电终端。馈线终端从外观结构上主要分为罩式和箱式，如图 1-4 所示。

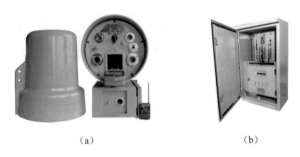

（a）　　　　　　　　　　　（b）

图 1-4　馈线终端外观结构图
（a）罩式馈线终端；（b）箱式馈线终端

早期馈线终端与柱上断路器并不是成套设计，造成一、二次设备结构不匹配，兼容性、扩展性、互换性等不足的问题。2016 年，为满足不同厂家设备的通用互换使用，提升柱上断路器的运维便利性，国网公司提出一二次融合设备的设计思路，对柱上断路器、馈线终端、一次接口、二次设备功能等模块进行标准化设计，实现一二次设备的融合，提升一次设备的智能化水平。

一二次融合柱上断路器的一次开关按照开关结构可分为支柱式和共箱式两类；按照组合模式结构可分为普通型和深度融合型。一二次融合柱上断路器配置的终端一般为罩式 FTU。互感器分为电磁式、电子式及数字式三种。

1.3.2　站所终端（DTU）

DTU 是指安装在配电网开关站、配电室、环网柜、箱式变电站等处，具有遥信、遥测、遥控等功能的配电自动化终端。站所终端根据布置方式分为集中式站所终端和分散式站所终端。集中式站所终端指站所终端各组成模块采用集中组屏安装型式。分散式站所终端是指站所终端由若干个间隔单元和

图1-5 集中式站所终端外观结构图

一个公共单元组成，间隔单元安装在各环网柜间隔柜内，公共单元集中安装，间隔单元和公共单元通过总线连接，相互配合，共同完成终端功能。图1-5为集中式站所终端外观结构图，图1-6为分散式站所终端外观结构图。

为满足不同厂家设备的通用性，提升环网柜（箱）的运维便利性，国网公司对一二次融合环网柜的典型结构、一次接口、二次设备等进行了标准化设计与规范。

（a）

（b）

图1-6 分散式站所终端外观结构图

（a）间隔单元；（b）公共单元

1.3.3 台区智能融合终端

图1-7 台区智能融合终端外观结构图

台区智能融合终端为智慧物联体系"云管边端"架构的边缘设备，具备信息采集、物联代理及边缘计算功能，支撑营销、配电及新兴业务，采用硬件平台化、功能软件化、结构模块化、软硬件解耦、通信协议自适配设计，满足高性能并发、大容量存储、多采集对象需求，集配电台区供用电信息采集、各采集终端或电能表数据收集、设备状态监测及通信组网、就地化分析决策、协同计算等功能于一体。图1-7为台区智能融合终端外观结构图。

1.3.4 配电线路故障指示器

配电线路故障指示器是安装在配电线路上用于检测线路短路故障和单相接地故障，并发出报警信息的装置。运维人员可以根据配电线路故障指示器的报警信号快速定位故障，缩短故障查找时间，提升配电网故障处理效率。配电线路故障指示器由采集单元和汇集单元组成，采集单元如图1-8所示的三个采集球，分别安装在配电线路的 A、B、C 三相，采集电场等信息。采集球配有电流互感器，可直接采集电流信息；但采集球不具备配置电压互感器的条件，通过电磁感应等相关方法得到电场信息。汇集单元与采集球进行无线通信，将三相电场数据进行同步处理。配电线路故障指示器的故障判别、故障录波等功能均是由汇集单元完成。根据接地故障检测方法的不同，配电线路故障指示器可分为外施信号、暂态特征、暂态录波、稳态特征等型号。

图 1-8　配电线路故障指示器外观结构图

 ## 1.4　配电网通信方式

　　配电通信网络是实现配电自动化主站与配电终端数据交互的基础。配电通信网络将配电自动化主站的全局信息和控制指令下发到配电终端，配电终端将所采集的各类信息上送至配电自动化主站（子站）。配电自动化系统的组织模式是分层集结，分为配电主站层、子站层和配电终端层，各层之间通过通信系统相互联系，其通信系统可相应地分为主站级通信、客户级通信和现场设备级通信三个层次。主站级通信又分为配电主站与子站之间相互通信的骨干通信网和主站（子站）与配电终端之间直接通信的终端通信接入网，主要通信方式分为有线通信和无线通信，其中有线通信包括配电线载波、低压配电线载波、光纤通信；无线通信常用的有无线公网通信（4G/5G）、无线专网通信等方式。客户级通信通常指配电主站或子站的各计算机之间的相互通信，一般通过局域网相连。现场设备级通信是各种配电终端相互之间所需要进行的通信，主要有串行接口通信（RS-232、RS-485）和现场总线的方式。

　　馈线自动化在采用主站集中式或智能分布式时，变电站、配电室、开关站相互通信交换信息，定位故障点并隔离故障区间，这就要求高速率、高容量、高可靠性、低时延的通信网络支撑。一般情况下，采用的是光纤通信方式，在无光纤敷设或涉及重要用户区域快速精准隔离故障时，5G 通信技术可以成为有力替代或应急手段。

 ## 1.5　配电网馈线自动化

　　配电网馈线自动化是配电自动化系统的子系统，主要实现配电网故障定位、隔离及非故障区域恢复供电。智能配电网的"故障自愈"功能由馈线自动化系统完成。馈线自动化系统可分为主站集中式、就地重合器式及智能分布式。馈线自动化系统和配电网保护功能配合，能够有效完成配电网故障处理的全流程，有效减少停电区域，提高配电网供电可靠性。配电网馈线自动化是本书的主要内容，后续章节将分别介绍主站集中式馈线自动化、就地重合器式馈线自动化、智能分布式馈线自动化、级差保护与馈线自动化混合应用、馈线自动化功能测试、馈线自动化现场实施、有源配电网故障特征及适用性评价、典型应用案例分析等内容。

2 主站集中式馈线自动化

主站集中式馈线自动化通过配电主站、配电终端与配电通信三者之间的相互配合，在发生故障时，主站利用终端上送的故障信息，通过主站馈线自动化研判程序，自动实现故障诊断和定位，并提供相应的故障隔离及负荷转带方案，由人工操作或程序自动遥控执行，实现故障区域隔离，恢复非故障区域供电。

主站集中式馈线自动化的特点是通过各类配电终端故障信息的全面收集，实现最小范围隔离故障，最大程度恢复供电；适用范围较为广泛，适用于各类区域的架空线路、电缆线路及架空电缆混合线路；对网架结构无特殊要求，单辐射、单联络、多联络、双环网等各类拓扑结构均可适用；对变电站出线断路器、线路开关、保护定值等无特殊要求，但需要满足配电自动化系统相关安全防护要求。本章重点介绍主站集中式馈线自动化的工作原理和配套要求。

区别于其他类型的馈线自动化，主站集中式馈线自动化可正常处理短路故障与接地故障，无原理、逻辑上的区别，无特殊配置要求，仅需配电终端将短路故障或接地故障相关信号上送，集中式馈线自动化即可启动，执行研判逻辑，实现定位、隔离及转带操作。

各主站厂商在系统架构、终端接入方式及研判程序等方面均有不同，但研判逻辑及功能基本一致，本章以 KD 主站系统相关程序、配置界面为例，进行原理和配套要求的介绍说明。

2.1 技 术 原 理

主站集中式馈线自动化主要包括功能配置、故障信号收集、故障定位、故障隔离、故障恢复、事故反演、事后分析等功能模块，可根据自身运维需求和实际情况，在相应的配置界面进行操作，选择需要的功能。

主站集中式馈线自动化支持并发处理多个故障，还可对故障信号漏报、误报进行分析判断。根据网络拓扑分析，自动搜索可用的恢复电源，根据最优计算结果，制定电源策略，给出最优、恢复区域最多的故障恢复方案。在进行遥控操作时，可实现操作开关挂牌、遥控闭锁、摘牌及遥控闭锁恢复，有效保障遥控操作的安全性。对于已经发生的线路故障，具有事故追忆和重演功能，为故障分析和故障处理培训提供技术支撑。

和就地式保护相比，集中式馈线自动化的优势体现在：①故障信息的全面收集，可以将所有终端上送的告警信息作为研判依据，更准确定位故障区间；②针对部分故障信息漏报或误报，主站程序可做自动研判，避免误动或拒动；③全面计算馈线可转带负荷的容量，根据转带负荷重要等级和容量，实现非故障区域负荷的最大恢复；④适应各种拓扑结构，不存在因没有级差而无法投入保护的情况；⑤可处理短时间内多点故障，快速恢复配电网供电。

主站集中式馈线自动化的正常动作逻辑为变电站出线断路器跳闸，且故障处理时间较长，为分钟级，并不完全符合实际现场运维要求。针对现阶段各电力公司对运维单位的考核方式及变电站出线断路器责任单位划分情况，建议将主站集中式馈线自动化作为线路后备故障处理方案，与级差保护或智能分布式馈线自动化配合，参与故障定位，提供转带方案以供调控参考。

主站集中式馈线自动化故障处理的主要工作为故障的隔离与非故障区域的供电恢复，系统会根据不同的需求，分析给出两种故障处理方案，分别是以停电范围最小为目标的全局故障处理方案和以停电时间最短为目标的可遥控故障处理方案，调度员可依据现场实际选择执行方案。

1. 启动程序

配电自动化主站系统实时监控配电网保护动作和开关遥信变位，当收到满足启动条件的故障信号时，启动主站集中式馈线自动化故障分析，并延时等待一段时间（启动时限可以设定），将所有故障信号采集完整。对于短路故障，主要以开关跳闸和相关的保护动作信号作为启动条件，主站系统设置选项有"分闸＋事故总""分闸＋保护""分合分""非正常分闸"等；对于接地故障，主要变电站母线接地和配电网设备零序过电流保护动作作为启动条件，主站系统设置选项有"变电站内母线接地＋接地信号""外施信号源信号＋接地信号"等。

2. 故障定位

依据故障启动设备所在环网信息，结合开关位置的实时状态信息，分析配电网设备的拓扑连接关系。沿故障点到母线的供电路径，确定最末端一个有故障信号的配电终端，依据故障点在故障路径末端，定位此设备以下与未收到故障信号的第一个配电终端之间的区域即为故障区域。如果只有一个故障信号，故障区域一定在该点之外。

在使用故障指示器时，可根据其故障信号进一步缩小故障定位范围。同时主站运维人员需要考虑终端离线、挂牌、采集异常等扩大故障范围情况，可能会导致故障范围扩大，在指导现场人员抢修时，需依情况而定。

3．故障隔离

故障隔离是根据判断的故障区域，向外搜索所连接的开关，处于合闸位置且可遥控操作的开关就是故障隔离开关。

4．非故障区域恢复

非故障区域分为故障上游区域和故障下游区域。首先，恢复主供段的供电（故障已被隔离），此时将跳闸列表中的相关设备进行合闸操作（如果跳闸设备是末端故障信号设备，则不进行操作），实现故障上游区域的恢复供电。其次，对于故障下游区域，需要先计算各个可恢复区域的电源点是否有足够容量，当转供线路的馈线剩余容量满足转供时，对联络开关进行合闸操作，实现故障下游区域的恢复供电；当剩余容量不满足转供时，可切除部分待转供负荷（可依据负荷类型，在系统内配置不同类型负荷的切除顺序），实现故障下游区域的恢复供电；也可以采用负荷拆分的方式，由多条线路进行转带。

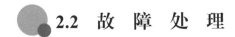

2.2　故　障　处　理

1．故障处理

主站集中式馈线自动化的故障处理流程为：故障发生→配电终端感受到故障电流，变电站出线断路器产生保护＋跳闸信号并上送配电主站，各分段开关产生告警信号并上送配电主站→主站接收到故障信息，满足 FA 启动条件，启动 FA 研判逻辑→ FA 程序启动，经信息采集窗口期收集故障信息→配电主站研判故障区间→下发遥控命令，将故障区间两端的开关分闸，隔离故障区间→变电站出线断路器遥控合闸恢复非故障区域上游供电→根据主站负荷转带方案，自动或人工选择负荷转带方式恢复非故障区域供电，故障处理结束。整体流程如图 2-1 所示。

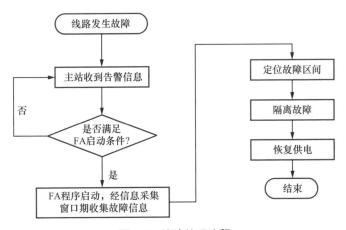

图 2-1　故障处理流程

2. 典型线路故障处理过程

以图 2-2 所示线路为例做具体说明，两条 10kV 馈线为单环网开环运行方式，566-4 号断路器为联络开关，实现负荷的互相转带。

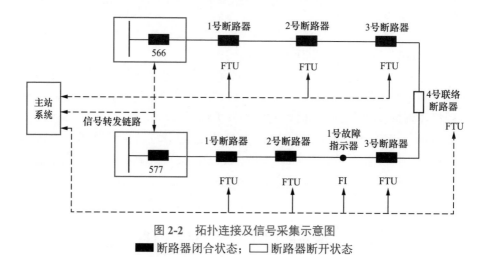

图 2-2　拓扑连接及信号采集示意图
■断路器闭合状态；□断路器断开状态

（1）当线路发生故障位置标识缺失，具体参照图 2-3，变电站出口 577 断路器事故分闸，577 全线失电。经由主网信号转发链路转发，配电自动化主站系统收到 577 断路器的"分闸＋事故总"信号，主站集中式馈线自动化启动研判程序。

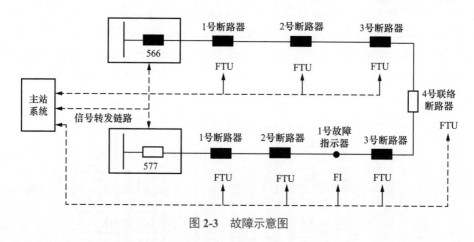

图 2-3　故障示意图

（2）主站系统根据收到的告警信息进行拓扑分析，定位出故障位置为 1 号故障指示器与 577-3 号断路器之间。通知运维人员进行故障抢修时，直接巡视相应区间的设备，将会大幅提升抢修效率，为基层运维人员减负。

（3）如图 2-4 所示，经过程序研判，577-2 号断路器和 577-3 号断路器为隔离故障的断路器，通过监控人员进行遥控操作，将两个断路器分闸，对故障进行隔离处理。

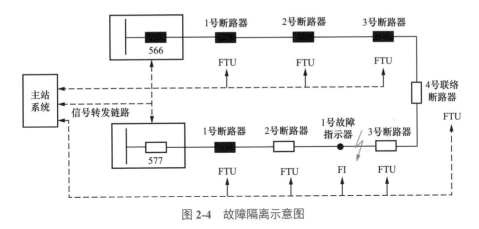

图 2-4　故障隔离示意图

（4）在线路故障隔离完成后，变电站 577 断路器合闸，恢复故障点上游区域供电。经过负荷转带程序计算，566 线路剩余容量可转带非故障区域的所有负荷，通过遥控 4 号联络断路器进行合闸，恢复故障点下游区域的供电，如图 2-5所示。

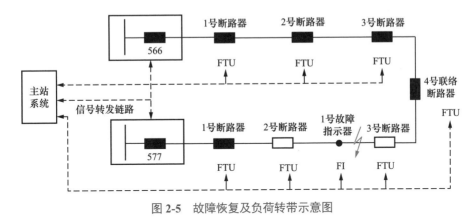

图 2-5　故障恢复及负荷转带示意图

（5）主站集中式馈线自动化在故障发生后，整体动作流程流转完毕，主站系统将故障信息存入历史库，为后续故障分析和故障处理培训提供技术支撑。

2.3　配　套　要　求

为保证主站集中式馈线自动化功能的实现，故障处理方式可按照需求灵活设置，但对主站图模数据、配电终端的布点及数据采集、通信方式及各功能参数设置等方面要求较高，任何节点出现问题，都有可能导致馈线自动化功能无法实现，现就相关内容进行详细叙述。

2.3.1 主站馈线自动化处理方式

1. 故障隔离方式

故障隔离有两种操作方案，一种是半自动，另一种是全自动。

半自动：主站提示故障区段、隔离操作的开关名称，由人工确认后，执行遥控操作将故障点两侧的开关分闸。当遥控某个开关出现拒动时，自动扩大隔离范围，并提示相应操作开关名称。若遥控操作不成功，转为人工操作。

全自动：主站自动下发故障点两侧的开关进行分闸操作，自动实现故障隔离，当遥控某个开关出现拒动时，自动扩大隔离范围，转为半自动处理模式。

现阶段，半自动处理是各地市的主流模式，仅使用故障定位功能，参考转带方案，并不推行全自动模式，限制全自动模式推广的主要原因有：

（1）图模数据质量差，与现场实际情况出入较大，无法保证系统研判停电范围与现场一致，隔离过程可能导致误操作。

（2）基础数据质量差，馈线容量、用户负荷等数据维护不及时或不准确，终端采集数据问题较多，如电流不平衡、遥测遥信不匹配等。没有正确的计算数据，研判结果的正确性无法得到保证。

（3）无线遥控业务暂未大范围推广。配电终端种类多、基数大、安装分散，绝大多数为无线接入，其遥控业务刚起步，需要一定时间积累相关经验。

（4）终端遥控成功率低，受限于无线通信延时高、不稳定的特性，终端预置成功率和遥控执行率都不高，执行结果较差。

（5）终端接入管理不严格，未做到一、二次同步调试及同步投运，许多终端在投运前未进行传动试验，或运行设备未停电联调，不具备遥控条件。

2. 非故障区域恢复方式

主站在确认故障被隔离后，执行恢复供电的操作。恢复供电操作也分为半自动和全自动两种。

（1）电源侧恢复供电。手动或自动向电源侧恢复供电断路器发出控合操作，恢复故障点上游非故障区域供电。

（2）负荷侧恢复供电。负荷侧供电的恢复，主要依靠联络开关，将切除故障损失的供电负荷转移至一个或多个电源点，尽可能减少故障影响的用户数，提升用户用电质量，保障供电可靠性。

负荷转供的计算方案是根据转带开关的电流值和馈线容量来计算，根据转带负荷的大小与转带负荷馈线所剩容量进行计算和生成方案。

根据设置的目标设备，结合网络拓扑连接关系，搜索得到所有合理的负荷转供路径，并按照一定规则对策略进行筛选，以提供多种转供策略供操作人员选择。在计算过程中，出现转供的线路剩余容量不足时，会依据实际需要对转带负荷进行消减，然后提供合适的负荷转供策略。

对故障点下游非故障区段的恢复供电操作，若只有一个单一的恢复方案，则由人工手动或主站自动向联络开关发出合闸命令，恢复故障点下游非故障区段的供电。若单一恢复方案中，馈线所剩容量无法实现负荷的全部转带，则通过判断所带负荷的重要等级和容量，选择性地切除部分负荷，最大程度恢复非故障区域的供电。若存在两个及以上恢复方案，主站根据转供策略优先级别排序，并提出最优推荐方案，由人工选择执行或主站自动选择最优推荐方案执行。

2.3.2 主站系统图模

配电自动化主站系统建议实行"源端唯一"，图模数据由同源系统推送，为后续营配调数据融合奠定基础。也可依据实际需求，在主站系统特异化定制相关模型。针对同源系统推送的图模数据，主站系统会进行模型与图形设备一致性校验、电网拓扑校验（包含孤立设备、母线直连、电压等级以及设备参数完整性等各方面的校验）、拓扑电气岛分析、变电站静态供电区域分析、变电站间静态馈线联络分析、联络统计等方面的检验，确保入库数据准确、可用。

同样，为保证源端数据的准确性，同源系统数据需常态化开展图模数据异动和基础数据治理工作。线路拓扑连接关系需维护正确，馈线容量、变压器容量及型号、所带用户数等基础数据应与实际一致。当配电网有线路切改、新投设备、退运设备、断引、接引等工作时，也需及时在同源系统维护。任何数据的修改维护，都应及时推送至主站系统。同样，手绘模型数据也需及时更新，确保系统"图实一致"，准确反映现场实际情况。准确的图模数据是主站集中式馈线自动化功能实现的前提，及时维护图模数据是程序稳定、可靠的基础。

2.3.3 配套终端设备

配电自动化终端的数量、布点及功能投入，都要根据不同地区的经济水平、负荷需求、可靠性等要求，综合考虑经济性、合理性、实用性及人员运维水平，选择相应的建设模式和功能。

针对配电自动化发展现状，以及各地市公司在配电自动化专业的投资情况，部分地区自动化"三遥"终端占比非常低，绝大多数配电线路上的配电设备并不能全部实现"三遥"功能，多为故障指示器和智能融合终端，无法起到隔离故障的作用。

为在有限的条件下，馈线自动化能够最大程度发挥作用，需要根据不同配电线路拓扑结构，将配电终端差异化布局。建议在配电线路的关键性节点，如联络开关、分段开关、重要分支线开关，配置"三遥"配电终端，可遥控实现故障隔离、负荷转供；非关键性节点，如非重要分支线开关、无联络的末端站室等，可配置"二遥"配电终端；对于长线路或大分支线路，不具备安装配电终端的条件时，可辅以故障指示器。

综合考虑投资问题和保护之间的级差配合，常规条件下，在干线上安装两台分段开关，将线路分为三分段，缩小故障范围，在干线最末端和两个开关之间安装故障指示器，进一步精确定位故障。对于分支线路，首端安装分支开关，末端安装故障指示器，故障隔离和精确定位区间两者可兼顾。若条件允许，分支线路也可安装多个开关，故障定位更加准确，如图2-6所示。

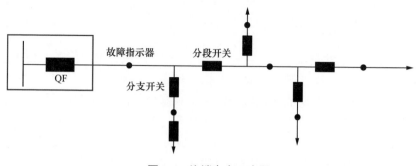

图2-6　终端布点示意图

在数据采集方面，配电终端应具备测量、控制、线路保护、过电流检测、接地故障检测、故障录波等功能，在线路发生故障时可将故障信息上传到配电主站，实现故障精准定位。同样，测量设备的性能指标应满足运行监控和故障检测的要求。终端上送数据应与实际运行情况相吻合，无数据缺失、遥测/遥信不匹配、转发序位错误等情况。设备在投运前应与配电自动化主站进行联调测试，经试验合格后，才可正常投运，纳入可遥控名单。

现阶段，新投运的环网柜或开关，均为一、二次成套设备，完全满足主站集中式馈线自动化配套要求，具备电动操作功能，有自动化接口，可上送故障信息。对于存量开关设备，对具有电动操动机构且留有自动化接口的设备，可采取加装电压互感器（TV）和FTU的方式进行二次改造；对于不具备配电自动化功能的存量站室设备或无自动化接口的普通开关，建议做设备整体升级改造。

2.3.4　配套通信

通信是保证主站与终端间数据正常交互的前提，也是集中式馈线自动化功能实现的必备条件。主站系统可采取多种通信方式，如以太网无源光网络（EPON）、工业以太网、5G、4G，充分利用现有成熟通信资源，确保终端数据可以稳定上送。A+、A类区域以光纤通信为主；B、C、D类供电区域以无线通信为主，在具备条件的情况下，可采用光纤通信方式。电缆网优先采用光纤通信方式，架空线路优先采用无线通信方式。

光纤通信相较无线通信，延时低，通道稳定，若具备通信条件，对于供电可靠性要求较高的区域，光纤为接入终端的首选方式。但光纤存在铺设成本高、路径协调困难等问题，严重制约光纤通信的推广应用。无线通信易部署、成本低，但信号稳定性差、终端在线率不稳定、安全性不高，可作为光纤的后备方式，以满足设备运行数据的接入，实现主站运行监视功能。

随着 5G 通信方式的快速发展，其低时延、高稳定、高可靠的特点，完美地契合配电网终端接入工作的需求。

5G 通信系统依托 5G 核心网用户面电力专用设备 UPF，实现 5G 核心网用户面数据包的路由和转发、数据和业务识别、动作和策略执行，将电力数据与其他业务数据隔离，保证 5G 网络下电力系统数据传输的可靠性。同时，在 UPF 上增开数据专线业务（DNN）实现客户定向访问，保障端到端、终端到主站的数据传输的路由最短。电力切片的建设为配电网数据传输切出一条高速通道，电力切片采用 5QI 技术（5G 网络中标注终端与核心网之间一组数据流的指示，包括优先级、数据包延迟或数据包错误率等）保证所需数据的优先级最高，同时还设计了上行智能预调度，对具有电力切片标签（针对电力业务专门配置的通道资源预留策略）的自动化数据无须认证直接分配数据通道。5G 通信作为现阶段主推的通信方式，时延在 30ms 以内，终端在线率和遥控成功率与光纤接入设备相同。

以张家口供电公司为例进行介绍，该公司现阶段终端接入的原则为：首选光纤接入，5G 通信为辅，对于 5G 信号未覆盖的地区，采用 4G（移动、电信）通信方式作为补充。

2.3.5 参数设置

主站集中式馈线自动化功能的实现过程：终端检测故障信息并上送到主站，主站根据故障信号启动研判程序和拓扑分析，最终实现故障的定位、隔离和非故障区域的转带。虽然需要配电自动化终端和主站两者的密切配合，但功能的实现，重点在主站侧数据的维护和参数设置。

主站集中式馈线自动化参数分为主站侧和终端侧。

1. 主站侧

馈线自动化功能启用前，需要根据现场实际需要进行合理的功能配置。主站可对馈线自动化类型、故障处理模式、启动条件、挂牌闭锁、保护信号、等待信号时间、遥控等功能进行配置。

（1）系统配置。系统配置提供故障的全系统设置，以及转供策略设置。配置界面如图 2-7 所示。

图 2-7　馈线自动化功能系统配置界面

故障全系统设置配置项说明如下。

1）是否为模拟遥控。

是：故障处理过程采用模拟遥控执行，直接发送遥信变位事件；

否：故障处理过程采用真实遥控执行，执行真实遥控的流程。

2）是否扫描母线故障。

是：馈线自动化实时监视变电站母线线电压情况，线电压跌落为 0 后启动母线故障处理；

否：馈线自动化不监视变电站母线线电压，不启动变电站母线故障定位。

3）是否为不可恢复开关计算转供方案。

是：为每一个隔离开关调用负荷转供功能，计算转供策略；

否：不可恢复开关不调用负荷转供功能，只有可恢复的调用负荷转供服务。

4）反演最大时长。设置激发事故反演场景的事故前记录时间、事故后记录时间。

5）转供策略设置。通过配置转供策略的优先级，自动对多个转供策略进行优先级排序，便于用户直接进行处理。

转供策略设置配置项说明如下。

1）借电侧馈线负载率：按负载量由小到大的原则安排转供路径。

2）借电侧馈线专用开关：优先选择通过开关站内分段开关或站间专用联络开关的转供方案。

3）借电侧馈线重要用户：保证双电源重要用户的转供电源和现有电源不是来自同一个变电站，且借电侧带重要用户的转供路径不优先安排。

（2）馈线自动化配置。馈线自动化配置按照馈线和馈线组的方式进行馈线自动化相关设置，如图 2-8 所示。

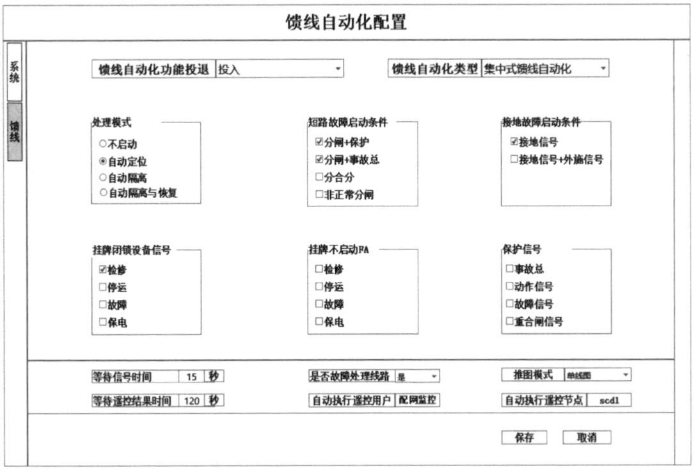

图 2-8　馈线自动化功能馈线配置界面

主站集中式馈线自动化配置项说明如下。

1）馈线自动化功能投退。

FA 投入：投入馈线自动化功能；

FA 退出：退出馈线自动化功能。

2）馈线自动化类型。

集中式馈线自动化：按照主站集中式馈线自动化进行线路故障处理；

就地式馈线自动化：按照就地式馈线自动化进行线路故障处理，主站进行故障处理过程监视及接管。

3）处理模式。

不启动：线路不启动馈线自动化功能；

自动隔离与恢复：线路发生故障后，自动进行故障定位、隔离与恢复；

自动隔离：线路发生故障后，自动进行故障定位、隔离，故障恢复根据情况进行人工交互处理；

自动定位：线路发生故障后，自动进行故障定位，故障隔离与恢复根据情况进行人工交互处理。

4）短路故障启动条件。

分闸 + 保护：系统需要在规定时间内（可设定）同时收到跳闸开关的分闸信号以及保护动作信号才能满足启动条件；

分闸 + 事故总：系统需要收跳闸开关的事故分闸信号才能启动分析；

分合分：系统需要在规定时间内（可设定）同时收到开关分闸、开关合闸、开关分闸三个信号才能满足启动条件；

非正常分闸：系统一旦收到开关分闸信号就会认定满足启动条件启动故障分析；

短路信号启动：系统一旦收到设备的短路信号就会认定满足启动条件启动故障分析。

5）接地故障启动条件。

接地信号：系统一旦收到设备的接地信号就会认定满足启动条件启动故障分析；

接地信号＋母线接地：系统同时收到设备的接地信号及变电站母线接地告警才能满足启动条件；

接地信号＋外施信号：系统同时收到设备的接地信号及外施信号源接地告警才能满足启动条件；

接地不启动：不启动接地故障判断。

6）挂牌闭锁设备信号。若设备上挂了该配置项内配置的挂牌，则不处理该设备的任何告警信息。

7）挂牌不启动 FA。若线路上任何设备挂了该配置项内配置的挂牌，停止故障处理。

8）保护信号。系统默认将事故总信号、动作信号两种类型的保护信号动作告警作为启动故障的触发条件和判断依据，其他类型的保护也可视现场实际情况通过此配置项添加。

9）等待信号时间。系统接收到第一个故障触发信号后等待收集完整故障相关告警信号的时间段，一般现场默认设置为 30s。

10）是否故障处理线路。主要针对配置了全自动处理模式的馈线，若配置为"否"，即使处理模式配置为全自动，系统也将转人工交互处理，相当于对全自动多加了一层校验。

11）等待遥控结果时间。系统在故障处理时，对执行遥控的开关判断其是否遥控成功的最长等待时间，若超过该时间仍未变位，判定为遥控执行失败。一般现场设置为 60s。

12）自动执行遥控用户。系统自动执行遥控时所填写的用户名。

13）自动执行遥控用户节点。系统自动执行遥控时所填写的节点名。

2. 终端侧

对于主站集中式馈线自动化，终端主要的作用是上送故障信息，为主站提供故障研判的基础。所以，终端可根据线路保护动作方案，设定不同的控制字。针对短路故障和接地故障，终端能够配置相应的保护，将故障信息准确上送。若线路仅投集中型保护，线路所有终端保护定值可与变电站出口开关定值一致，仅投保护告警，不动作；若集中型保护作为后备保护，终端可根据主保护的动作逻辑以及保护之间的配合设定保护动作或保护告警。

主站集中式馈线自动化可与各种类型的保护方式进行配合，终端只需要根据主站点表，将相应的故障信号上送，即完成集中型判断逻辑的所有任务。

3

就地重合器式馈线自动化

就地重合器式馈线自动化的故障采用就地处理方式，不依赖主站和通信。由配电自动化终端本身逻辑功能处理故障信息，实现故障定位、隔离和恢复对非故障区域的供电。电压时间型馈线自动化是最为常见的就地重合器式馈线自动化模式，根据不同的应用需求，在电压时间型的基础上增加了电流辅助判据，形成了电压电流时间型馈线自动化和自适应综合型馈线自动化等派生模式。在工程应用过程中，还出现了仅采用一次重合闸的合闸速断型馈线自动化、基于重合闸＋过电流后加速配合的完全以电流信号为判据的馈线自动化等多种应用模式。本章介绍基础的电压时间型馈线自动化、常用的自适应综合型馈线自动化、仅采用一次重合闸的合闸速断型馈线自动化共三种就地重合器式馈线自动化类型，以期在理论及工程应用上提供技术参考。

 ## 3.1 电压时间型馈线自动化

电压时间型馈线自动化模式根据终端的"失电压分闸、来电延时合闸"的工作特性配合变电站出线开关的两次重合闸功能实现馈线自动化的功能逻辑，出线开关一次重合闸实现故障区间的定位与隔离，二次重合闸实现非故障区域恢复供电。

配电终端作为分段开关时的功能逻辑主要有失电压分闸、来电延时合闸、正向来电闭锁及反向来电闭锁，涉及的时限参数主要有 X 时限（线路有压确认时间）、Y 时限（合闸确认时间）、失电压分闸时间。配电终端作为联络开关时的功能逻辑包括双侧加压闭锁合闸、单侧失电压延时合闸、瞬时来电闭锁合闸，涉及的时限参数主要是联络开关合闸前确认时间（XL）。变电站出线开关配置保护及两次重合闸功能，配合分段开关及联络开关完成电压时间型馈线自动化的逻辑功能。电压时间型馈线自动化适用于 B、C、D 类供电区域中供电半径短的架空线路。各时限参数的含义如下。

X 时限（线路有压确认时间）：分段开关动作逻辑的关键时限，是分段开关判断电源侧来电后开关是否动作的关键依据，来电时间大于 X 时限即确认电源侧来电，开关启动合闸动作。若有来电但来电时间不足 X 时限，则分段开关认为前端区间为故障区间，产生反向来电合闸闭锁信号。

Y 时限（合闸确认时间）：分段开关动作逻辑的关键时限，是分段开关合闸后判断后端是否为故障区间的依据，若开关合闸时间超过 Y 时限，则认为后端区间没有故障；若开关合闸后不能保持到 Y 时限，则认为后端区间为故障区间，产生正向来电合闸闭锁信号。

失电压分闸时间：当变电站出线开关跳闸时，就地型分段开关检测到无压无流后，延时失电压分闸时间分闸，该时间应小于变电站出线开关重合闸时间。

联络开关合闸前确认时间（XL）：联络开关动作逻辑的关键时限，是联络开关判断是否合闸转供电的重要依据，若联络开关单侧检测到失电压时间大于 XL 时限，则联络开关自动合闸进行负荷转供；若失电压时间小于 XL 时限，则保持分闸不动作；若检测到失电压后计时但不到 XL 时限时再次感受到瞬时来电，则认为故障区段在联络开关失电压侧，产生瞬时加压闭锁合闸信号，不进行负荷转供。

3.1.1 技术原理

电压时间型馈线自动化主要利用配电终端的"失电压分闸、来电延时合闸"功能，以有无电压为判据，与变电站出线开关保护和重合闸功能相配合，依靠设备自身的逻辑判断功能，自动定位和隔离故障，恢复非故障区间的供电。

1. 短路故障定位与隔离

当线路发生短路故障时，若为瞬时故障，变电站出线开关（QF）跳闸后一次重合，线路各分段开关逐级延时合闸，重合成功，线路恢复供电。

当线路发生短路故障时，若为永久故障，变电站出线开关（QF）感受到故障电流，保护动作跳闸，全线各分段开关检无压自动分闸，QF 重合闸第一次重合，逐级分段开关电源侧感受到来电，经 X 时限（线路有压确认时间）合闸送出，当合闸至故障区间时，QF 再次感受到故障电流保护动作开关跳闸，故障区间前端分段开关的合闸时间小于其合闸确认时限 Y 时限而产生正向闭锁来电合闸信号，故障区间后端分段开关的有压时间小于其有压确认时限 X 时限而产生反向闭锁来电合闸信号，以此对故障区间进行定位与隔离。

2. 非故障区域恢复供电

电压时间型馈线自动化利用一次重合闸即可完成故障区间的定位与隔离，上下游非故障区域的恢复供电可依据实际情况灵活配置。

（1）若变电站出线开关（QF）可配置两次重合闸或可经主站遥控实现两次重合闸，通过 QF 的二次重合闸即可恢复故障区间上游区域的供电。

（2）若变电站出线开关（QF）不能配置两次重合闸且不好改造时，可通过调整线路靠近变电站首台分段开关的来电确认时限（X时限），给 QF 的重合闸功能足够的时间充电以完成功能复归，在故障隔离后再次重合闸恢复故障区间上游区域供电。

（3）对于具备联络转供能力的线路，可通过联络开关合闸恢复故障区间下游非故障区域的供电。联络开关合闸方式可通过手动或者遥控操作方式（具备遥控操作条件时）。

3.1.2 故障处理

1. 故障处理

电压时间型馈线自动化故障处理过程如图 3-1 所示，故障发生→变电站出线开关 QF 保护动作跳闸→全线分段开关失电压分闸→经延时 QF 第一次重合闸→分段开关逐级来电延时合闸→合闸至故障点→QF 再次感受到故障电流、保护动作跳闸→全线分段开关再次失电压分闸→故障区间上游开关正向闭锁合闸，下游开关反向闭锁合闸，定位及隔离故障区间→QF 再次重合闸→恢复电源侧非故障

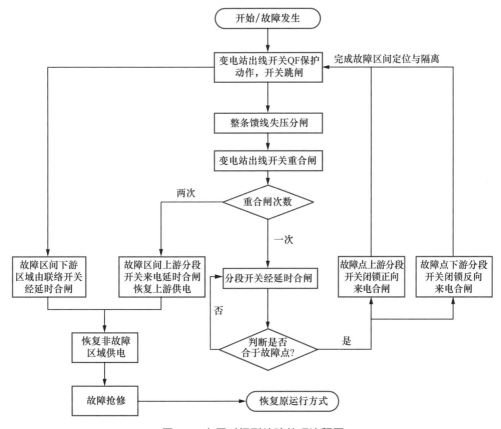

图 3-1 电压时间型故障处理流程图

区域供电→故障抢修→故障解除后人工解除闭锁，恢复故障区域供电→恢复至故障前运行方式。

2. 典型线路故障处理过程

典型线路及过程图如图 3-2 所示。其中 QF 为变电站出线开关，配置为断路器；FTU1 ～ FTU6 为主干线分段开关 / 分支开关，YS1 为分界开关。该过程为主干线故障处理过程。其余分支发生故障时的故障处理逻辑与主干线处理逻辑相同。

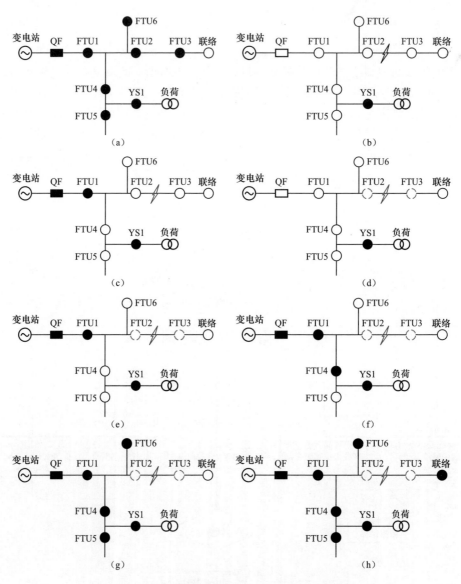

图 3-2　电压时间型馈线自动化故障处理过程
○ 开关断开状态；● 开关闭合状态；◖ 开关闭锁状态

（1）图 3-2（a）代表线路正常运行。

（2）图 3-2（b）在主干线 FTU2—FTU3 之间发生故障，QF 感受到故障电流保护动作跳闸，整条馈线失电，各分段开关失电压分闸。

（3）图 3-2（c）QF 第一次重合闸，FTU1 来电后经 X 时限延时合闸。

（4）图 3-2（d）FTU2 来电，经 X 延时合闸，合于故障，QF 再次感受到故障电流保护动作跳开 QF 断路器。FTU2 在 Y 时限内失电，产生正向闭锁合闸信号；FTU3 感受到短时来电，产生反向闭锁合闸信号。

（5）图 3-2（e）QF 第二次重合闸，FTU1 来电经 X 时限延时合闸。

（6）图 3-2（f）FTU2、FTU4、FTU6 同时来电，各分段开关 X 时限有时差配合，FTU2 有闭锁信号不合闸，FTU4 的 X 延时时间短先合闸。

（7）图 3-2（g）FTU5 来电，经延时合闸；FTU6 来电时间超过 X 时限合闸；恢复全部故障上游区域供电。

（8）图 3-2（h）联络开关单侧失电压经延时合闸，恢复故障下游区域供电。

3.1.3 配套要求

1. 配套终端设备

电压时间型馈线自动化的配套设备，按一次设备分为断路器、负荷开关，按其在网络中的位置分为出线开关、分段开关和联络开关。因出线开关需要具备保护及重合闸功能的重合器，其配套一次设备必须为断路器，二次设备为具有自动控制能力的配电终端。分段开关不要求断开故障电流，其配套一次设备可以是负荷开关也可以是断路器，二次设备为具有 FA 功能模块的配电终端。联络开关虽不要求断开短路电流，但为提高其可靠性配置的一次设备最好为断路器，二次设备为具有 FA 功能模块的配电终端。在具体选用终端设备时，需满足以下要求：

（1）保护区段发生故障后，变电站出线开关保护功能能够正确启动并跳闸，开关能够可靠分闸。

（2）电压时间型馈线自动化故障处理逻辑需要变电站出线断路器实现两次自动送电功能，重合闸方式可根据自身条件灵活配置，可直接配置两次重合闸，也可在只能配置一次重合闸功能时增加线路第一个分段开关的来电延时合闸时限（X 时限）躲过出线开关重合闸充电时间实现两次自动送电功能。

（3）同一时刻只能有一台开关进行合闸操作，分支 T 接处的多个开关存在同时得电情况，此时需配置不同的 X 时限合闸。

（4）终端功能正常，可以正常检出有无电压，从而实现失电压分闸，来电延时合闸，以及合闸后有故障的正向闭锁和合闸前有故障的反向闭锁功能，闭锁功能正确且有效。

2. 参数配置

（1）变电站出线开关的参数配置。出线开关需要在线路主干线末端及分支线上发生故障时都能正确动作且可靠分闸，则保护定值整定时需要考虑保护范围及开关动作灵敏性，当线路长度较长，需配置中间开关做级差配合时，定值需符合标准 DL/T 584—2017《3kV ～ 110kV 电网继电保护装置运行整定规程》规范要求。重合闸需要投两次重合闸，自动重合闸时限需大于故障点去游离时间和断路器及操动机构复归时间，单侧电源线路的三相一次重合闸动作时间宜大于 0.5s；若采用两次重合闸，第二次重合闸动作时间不宜小于 5s。

（2）分段开关参数配置。主要参数包括来电延时时间 X 时限和合闸确认时间 Y 时限，当分段开关安装位置为主干线时，X 时限与 Y 时限可统一设置为同一个参数，经验值 X 时限为 7s，Y 时限为 5s。当线路有多条分支且安装分段开关时，X 时限的整定遵循先干线后分支，先电源侧分支后负荷侧分支，同一时刻不得有两台开关合闸的原则，时间计时起点都为得电时刻。

（3）联络开关参数配置。当线路存在联络开关、具备转供能力且参与馈线自动化故障处理逻辑时，联络开关的时间参数涉及单侧失电压经长延时合闸 XL 时限，该时限应大于任一侧线路馈线自动化故障隔离时间，防止故障没有进行有效隔离就转供造成停电范围扩大。

（4）当电压时间型馈线自动化投入运行后，电网拓扑结构变化时需要重新计算并修改相关定值。

 ## 3.2 自适应综合型馈线自动化

自适应综合型馈线自动化在电压时间型馈线自动化的基础上，分段开关增加了短路/接地故障检测技术与故障路径优先处理控制技术。在线路发生故障后，变电站出线开关一次重合闸时，依据分段开关的故障检测及故障路径优先处理逻辑，有故障信息的开关选择短延时合闸进行故障区间的定位和隔离，没有故障信息路径上的开关选择长延时合闸避免在故障处理过程中多次停送电。出线开关二次重合闸后，优先恢复故障路径非故障区域供电，再恢复无故障路径供电区域供电。

自适应综合型馈线自动化适用于 B、C、D 类供电区域的多分支的架空线路，为单辐射、单联络或多联络线路提供配电网故障自动处理策略，变电站出线开关同样要求配置两次重合闸。配电终端作为分段开关的功能在电压时间型馈线自动化分段开关功能的基础上，配置过电流告警记忆功能，分段开关根据有无告警记忆信号分别采用来电经 X 时限合闸还是来电经长延时合闸，其他参数在逻辑中发挥的作用与电压时间型馈线自动化中的参数在逻辑中相同。相关的时限参数的含义及作用如下。

X 时限（线路有压确认时间）：在自适应综合型馈线自动化中，是分段开关动作逻辑的关键时限，分段开关有故障记忆时，通过 X 时限判断电源侧来电后开关是否动作，若来电时间大于 X 时限，即确认电源侧来电，开关启动合闸动作；若来电时间不足 X 时限，则分段开关认为前端区间为故障区间，产生反向来电合闸闭锁信号。

长延时：在自适应综合型馈线自动化中，分段开关动作逻辑的关键时限，分段开关无故障记忆时，通过长时限判断电源侧来电后开关是否动作，来电时间大于长时限即确认电源侧来电，开关启动合闸动作。

3.2.1 技术原理

自适应综合型馈线自动化是在电压时间型馈线自动化的基础上，增加了故障记忆和来电合闸延时自动选择功能，从而实现参数定值的归一化，减少了配电终端因网架、运行方式调整而进行参数的调整。

自适应综合型馈线自动化需选用具备单相接地故障暂态特征量检出功能的新型配电终端，通过"无压分闸、来电延时合闸"方式，结合短路/接地故障检测技术与故障路径优先处理控制策略，配合变电站出线开关二次合闸，实现多分支多联络配电网架的故障定位和隔离自适应，一次合闸隔离故障区间，二次合闸恢复非故障段供电。

1. 短路故障定位与隔离

当线路发生短路故障时，若为瞬时故障，变电站出线开关（QF）跳闸后一次重合闸，线路优先选择有故障记忆的路径逐级延时合闸，再经长延时逐级恢复无故障记忆的路径，重合闸成功恢复供电。

当线路发生短路故障时，若为永久故障，故障路径上的所有分段开关和变电站出线开关（QF）都感受到故障电流，分段开关产生故障信号并记录故障信息，变电站出线开关跳闸经一段时间延时第一次重合闸，分段开关感受到来电时按照有故障信号的开关经来电延时时限 X 时限合闸，没有故障信号的开关经长延时 S 时限合闸，通过该逻辑优先选择有故障信号的路径进行合闸，合于故障时，QF 再次跳闸，故障区间前端分段开关合闸时间小于其合闸确认时限 Y 时限而产生正向闭锁来电合闸信号，故障区间后端分段开关的来电时间小于其有压确认时限 X 时限而产生反向闭锁来电合闸信号，至此完成对故障区间的定位和隔离。非故障路径上的分段开关因无故障记忆执行长延时，故障隔离过程中未动作。

2. 单相接地故障定位与隔离

为实现小电流接地系统单相接地故障的故障定位与隔离，配电终端需要具备单相接地故障选线和选段功能，通常线路首台分段开关配置为选线模式，其余分

27

段开关为选段模式，首台分段开关应尽量靠近变电站出线开关，优先选第一个杆或第一个站室。

当线路发生接地故障时，故障路径的配电开关通过暂态信息检出故障，首台开关延时选线跳闸，全线失电压分闸，故障路径上的分段开关记录故障暂态信息，首台分段开关电源侧有压经延时合闸，分段开关根据故障信息按照故障路径优先方式依次延时合闸，当合闸至故障点后，因接地故障导致零序电压突变，故障区间前端开关判定合闸至故障点，直接跳闸并闭锁，故障区间后端开关感受到瞬时来电，产生反向合闸闭锁信号，故障隔离完成。非故障路径开关经长延时依次延时合闸，故障点前端非故障区间一次重合即可完成恢复供电。

3. 非故障区域恢复供电

对于短路故障，自适应综合型馈线自动化利用 QF 一次重合闸即可完成故障区间的定位与隔离，上下游非故障区域的恢复供电具体可依据实际情况灵活配置。

（1）若 QF 已配置两次重合闸或可调整为两次重合闸，QF 通过第二次重合闸可恢复故障区间电源侧非故障区域供电。

（2）若 QF 未配置两次重合闸且不容易改造时，可通过调整线路中首台开关的来电延时时间（X 时限），给 QF 的重合闸功能足够的合闸充电时间以完成重合闸功能复归，进而在故障区间隔离完成后再次重合闸恢复故障区间上游区域供电。

（3）对于具备联络转供能力的线路，可通过合联络开关方式恢复故障区间下游非故障区域供电。

3.2.2 故障处理

1. 故障处理

自适应综合型馈线自动化的事故处理过程如图 3-3 所示，故障发生→变电站出线开关 QF 跳闸→全线分段开关失电压分闸→QF 第一次重合闸→故障路径上的分段开关来电延时合闸→逐级合闸至故障点→QF 再次保护动作跳闸→分段开关再次失电压分闸→故障区间前端开关合闸保持时间小于合闸确认时限 Y 时限，产生正向闭锁合闸信号；故障区间后端开关来电时间小于来电延时时限 X 时限产生反向闭锁合闸信号，定位及隔离故障区间→QF 再次重合闸→恢复电源侧非故障区域供电→故障抢修→故障解除后人工解除故障区间前后开关的闭锁信号，恢复故障区域供电→恢复至故障前运行方式。

2. 典型线路故障处理过程

典型多分支线路图如图 3-4 所示，其中，QF 为变电站出线开关，配置为断路器；FTU1 ～ FTU6 为分段开关，配置为负荷开关；YS1 为用户分界开关。分段开关的 X 时限（7s）、Y 时限（5s）、长时限 s 时限（21s），故障记忆产生参数与 QF 保护定值做归一化处理。多分支线路中其中一条分支发生故障的处理过程如图 3-5 所示。

（1）图 3-4（a）代表线路正常运行。

（2）图 3-4（b）在分支线 FTU4—DTU5 之间发生故障，QF 感受到故障电流保护动作跳闸，整条馈线失电，各分段开关失电压分闸；故障路径为图中虚线所示。

（3）图 3-4（c）QF 第一次重合闸，FTU1 有故障记忆，来电后经 X 时限延时合闸。

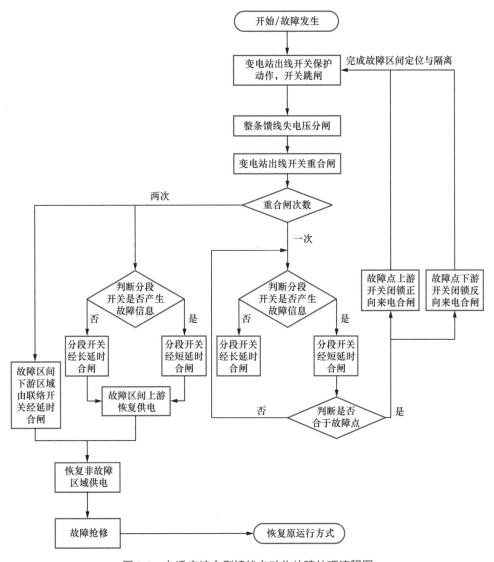

图 3-3　自适应综合型馈线自动化故障处理流程图

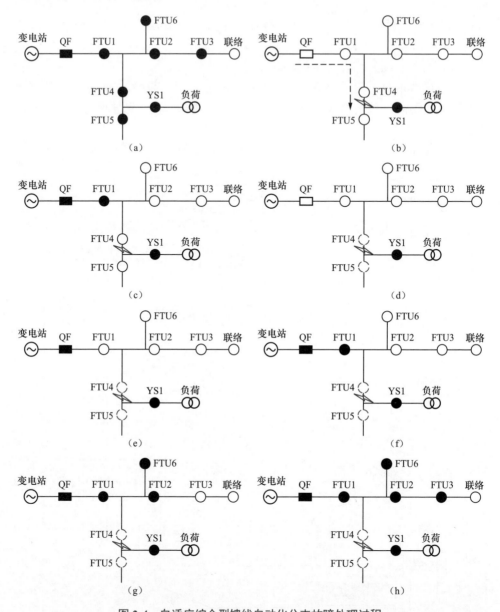

图 3-4　自适应综合型馈线自动化分支故障处理过程

（4）图 3-4（d）FTU2、FTU4、FTU6 同时来电，FTU4 有故障记忆经 X 延时合闸，FTU2、FTU6 无故障记忆经长延时计时。FTU4 合闸后合于故障，QF 再次感受到故障电流保护动作跳开 QF 断路器。FTU4 在 Y 时限内失电，产生正向闭锁合闸信号；FTU5 感受到短时来电，产生反向闭锁合闸信号；隔离故障区间。

（5）图 3-4（e）QF 第二次重合闸，FTU1 来电。

（6）图 3-4（f）FTU1 来电经 X 延时合闸，FTU2、FTU4、FTU6 同时来电。

（7）图 3-4（g）FTU4 来电后有正向来电闭锁合闸信号不合闸，FTU2、FUT6 来电后经长延时合闸，FTU3 来电。

（8）图 3-4（h）FTU3 来电后无故障记忆，经长延时合闸；联络开关在故障处理结束后处于双侧加压状态，不合闸。

3.2.3　配套要求

1. 配套终端设备

该类型馈线自动化的配套设备，按一次设备分为断路器、负荷开关，按其网络中的位置分为变电站出线开关、分段开关和联络开关。因需要具备保护及重合闸功能的重合器，其配套一次设备必须为断路器，二次设备为具有自动控制能力的配电终端。分段开关不要求断开故障电流，其配套一次设备可以是负荷开关也可以是断路器，二次设备为具有相应 FA 功能模块及故障记忆功能的配电终端。联络开关虽不要求断开短路电流，但为提高其可靠性配置的一次设备最好为断路器，二次设备为具有相应 FA 功能模块的配电终端。在具体选用终端设备时，需满足以下要求：

（1）变电站保护跳闸后，开关设备能可靠分闸。

（2）变电站出线开关至少配置一次重合闸，最好是两次重合闸，如果只有一次则需要通过增加线路第一个分段开关的合闸延时时间实现出线开关两次送电功能。

（3）同一时刻只能有一台开关进行合闸操作，分支 T 接处的多个开关存在同时得电的情况，此时需配置不同的合闸延时，时限参数不能做归一化处理。

（4）开关能正常检出并完成合闸后有故障的正向闭锁和合闸前的有故障的反向闭锁功能，闭锁功能正常且有效。

2. 参数配置

自适应综合型馈线自动化设备参数配置比电压时间型和传统的电压电流时间型更为方便。因其自适应的逻辑功能，原则上只要变电站配置两次重合闸，线路上的分段开关运行参数可参数配置归一化。

若在变电站出线开关只能配置一次重合闸的情况下，需要通过延长线路第一个分段开关（首台开关）的合闸延时实现两次送电功能。

在设备投运后的网架调整带来的变化时，考虑分支情况，若同时得电分支数量超过 2 条，则需考虑调整时限参数以保障不会有同时合闸的情况；若同时得电分支数不超过 2 条，则不需要另外调整设备参数。

 ## 3.3　合闸速断型馈线自动化

合闸速断型馈线自动化在电压时间型馈线自动化的基础上进行改进，将变电站的出线开关重合闸次数设置为 1 次，在分段开关的"失电压分闸、来电延时合闸"工作特性基础上增加合闸瞬间开放速断保护功能，若该开关在合闸后因速断保护动作再次分闸，则开关闭锁在分闸位置，直接隔离故障区段上游断路器，从而实现出线开关一次重合闸即完成故障区间的定位、隔离与恢复上游非故障区域供电的功能。

其分段开关配电终端的功能逻辑除包含 X 时限（线路有压确认时间）、Y 时限（合闸确认时间）、失电压分闸时间、联络开关合闸前确认时间（XL）等时限定值外，还包含合闸速断保护定值等电流定值。合闸速断型馈线自动化中配合故障处理的变电站出线开关仅需配置一次重合闸功能，在线路故障时及时保护动作并切除故障，启动一次重合闸，根据各分段开关的合闸速断功能即可完成故障的定位、隔离与恢复上游非故障区域供电的功能。该模式适用于 B、C、D 类供电区域中供电半径短的架空线路，且对多次停送电较敏感的供电区域。该模式下实现逻辑的 X 时限、Y 时限、XL 时限、失电压分闸等时限与电压时间型馈线自动化的时间参数含义相同。各分段开关的速断保护定值按照继电保护定值整定原则进行计算。

3.3.1 技术原理

基于合闸速断方式的馈线自动化类型中，变电站出线开关采用一次重合闸，其速断保护范围不超过联络开关，且在重合成功后，同时将速断保护改为延时速断保护。分段开关和联络开关采用具有合闸速断功能的断路器，其分段开关具有失电压分闸、来电延时合闸、合闸同时开放速断保护的功能，以保证分段开关合于故障区段时合闸速断保护功能启动分闸并闭锁在分闸位置，这称为"合闸闭锁"，实现故障点的定位、隔离，同时实现故障区间上游区域供电。联络开关在单侧失电压后启动 XL 时限，计时完成后，联络开关合闸同时启动合闸速断保护功能，若合于故障则速断保护动作将联络开关跳闸并闭锁在分闸位置。处于分闸状态的开关在两侧加压的情况下禁止合闸。

1. 短路故障定位、隔离与恢复上游非故障区域供电

当线路发生短路故障时，若为瞬时故障，变电站出线开关（QF）跳闸后重合闸，线路各分段开关逐级延时合闸，重合成功，线路恢复供电。

当线路发生的短路故障为永久故障时，变电站出线开关（QF）感受到故障电流，保护动作，开关跳闸，全线各分段开关无压自动分闸，QF 经延时一次重合闸，分段开关电源侧逐级感受到来电，经 X 时限（线路有压确认时间）合闸，当合闸于故障区间时，分段开关合闸瞬间开放速断保护功能，合于故障时再次产生故障电流，分段开关本身的合闸速断保护功能启动分闸，并闭锁开关在分闸位置，故障下游开关感受到瞬时的来电（来电电压需超过残压整定值、持续时间大于检测时间且小于 X 时限），该断路器产生反向闭锁信号将开关闭锁于分闸位置。该过程完成了故障区间的定位、隔离及故障区间上游非故障区域的供电恢复过程。

2. 单相接地故障定位、隔离与恢复上游非故障区域供电

为实现小电流接地系统单相接地故障的定位与隔离，需在变电站内安装具备单相接地故障选线功能的自动装置或在线路首端安装选线开关，各参与逻辑处理的其余分段开关、联络开关的合闸速断保护功能中需增加单相接地故障识别及跳闸功能。

当线路发生接地故障时，单相接地故障选线自动装置检出故障并告警，通过人工或自动方式控制变电站出线开关（QF）跳闸，接地故障告警消失则正确选线，然后采用与短路故障相同的处理逻辑实现故障区间的定位、隔离与恢复故障上游非故障区间供电。

3. 故障下游区间恢复供电

基于合闸速断功能的馈线自动化一次重合闸即可完成故障区间上游非故障区域的供电。对于下游具备联络转供能力的线路，可通过联络开关合闸恢复故障区间下游非故障区域的供电。联络开关合闸可通过手动、延时自动合闸或遥控操作方式（具备遥控操作条件时）实现。

3.3.2 故障处理

1. 故障处理

合闸速断型馈线自动化故障处理过程如图 3-5 所示，故障发生→变电站出线开关 QF 保护动作跳闸→全线分段开关失电压分闸→经延时 QF 第一次重合闸→分段开关一侧来电→经 X 时限延时合闸，启动 Y 时限计时，同时开放开关的速断保护功能→若开关正常合闸保护未动作，经一定时限延时后闭锁开关的速断保护功能→若开关因合于故障，开关的速断保护动作使开关跳闸，则闭锁开关于分闸位置→故障区间下游开关感受到短时来电，产生反向闭锁信号闭锁开关在分闸位置→完成故障区间的定位、隔离及故障区域上游非故障区域供电→联络开关单侧失电压，经 XL 延时后合闸，恢复故障区间下游非故障区域供电→故障抢修→故障解除后人工解除闭锁，恢复故障区域供电→恢复至故障前运行方式。

2. 典型线路故障处理过程

故障处理过程如图 3-6 所示，其中 QF 为变电站出线开关，配置为断路器；FTU1 ~ FTU6 为主干线分段开关、分支开关，因具备速断能力需配置为断路器。该过程为主干线故障处理过程。其余分支发生故障时的故障处理逻辑与主干线处理逻辑相同。

（1）图 3-6（a）代表线路正常运行。

（2）图 3-6（b）在分支线 FTU2—FTU3 之间发生故障，QF 感受到故障电流保护动作跳闸，整条馈线失电，各分段开关失电压分闸。

（3）图 3-6（c）QF 第一次重合闸，FTU1 来电。

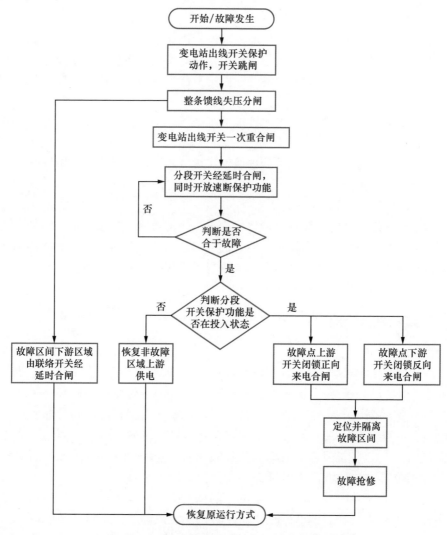

图 3-5　合闸速断型馈线自动化故障处理流程图

（4）图 3-6（d）FTU1 来电经 X 延时合闸，合闸瞬间开放速断保护动作功能，并在一定时限内有效，FTU2 来电。

（5）图 3-6（e）FTU2 来电经 X 延时合闸，合闸瞬间开放速断保护动作功能，速断保护功能有效期开始计时。

（6）图 3-6（f）FTU2 合闸速断功能在有效期内，合于故障时断路器速断功能动作跳闸，并闭锁合闸；FTU3 在 FTU2 合闸时感受到短时来电，产生反向闭锁合闸信号；完成故障区间的定位、隔离与恢复上游区间供电。

（7）图 3-6（g）FTU4、FUT5、FUT6 等分支分别在来电后经延时合闸，恢复非故障区域其他分支供电。

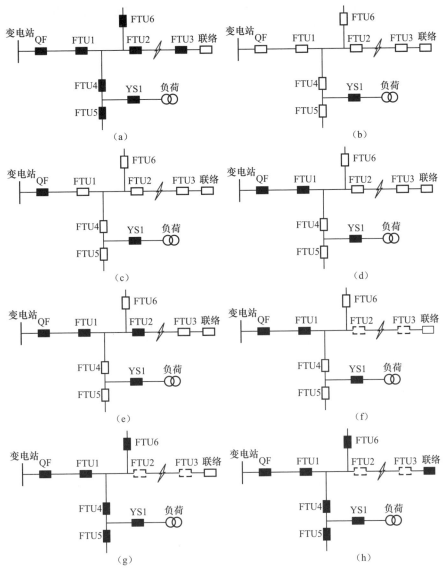

图 3-6 合闸速断型馈线自动化故障处理过程

（8）图 3-6（h）联络开关单侧失电压后，经延时合闸，恢复故障区域下游供电。

3.3.3 配套要求

1. 配套终端设备

该类型馈线自动化的配套设备，出线开关为具备保护及重合闸功能的重合器，其配套一次设备必须为断路器，二次设备为具有自动控制能力的配电终端。

分段开关因需在合闸后开放保护功能切断故障电流，其一次设备必须采用断路器，二次设备为具有相应 FA 功能模块的配电终端。联络开关虽不要求断开短路电流，但为提高其可靠性配置的一次设备最好为断路器，二次设备为具有相应 FA 功能模块的配电终端。在具体选用终端设备时，需满足以下要求：

（1）保护区段发生故障后，变电站出线开关保护功能能够正确启动并跳闸，开关能够可靠分闸。

（2）变电站出线开关需配置一次重合闸，并在一次重合成功后将开关的速断保护在一定时限内失效（即转为延时速断保护），以躲过合于故障区间时分段开关的保护动作时间。

（3）分段开关能够正常检出故障并完成保护动作，及时闭锁开关，闭锁功能正确且有效。

2. 参数配置

（1）变电站出线开关配置三段式电流保护功能及一次重合闸功能，若配置瞬时电流速断保护功能，则重合闸成功后在一段时间内（根据实际情况整定）短时闭锁瞬时电流速断保护功能。

（2）分段开关需要配置失电压分闸、来电延时合闸功能，在分闸状态的开关合闸瞬间开放速断保护功能，若该开关合闸时速断保护动作导致开关再次跳闸，则该开关产生正向闭锁信号，闭锁开关在分闸位置；若合闸后开关稳定在合闸位置超过 Y 时限，则闭锁合闸速断保护功能。处于分闸状态的开关若检测到任一侧电压从零升高至超过最低残压整定值，并持续一段时间（但小于 X 时限）后消失，则该开关应产生反向闭锁信号，闭锁开关在分闸位置。

（3）分段开关的失电压分闸功能中，失电压时间可设。若变电站可配置两次重合闸，则失电压分闸时间可设置稍长（如 1s），保证分段开关在出线开关一次重合闸时未分闸，即可在瞬时故障时，快速恢复供电；若变电站出线开关仅可配置一次重合闸，则失电压分闸时间需设置较短（如 100ms），对瞬时故障和永久故障的动作流程统一化处理。

（4）分段开关来电延时合闸，在分闸状态的开关合闸瞬间开放速断保护功能，该功能中速断保护功能有效值在配置过程中需与其他分段开关配合，保证在保护定值级差不满足时能够在合于故障时不越级跳闸，扩大停电范围。

（5）联络开关需要配置两次加压闭锁合闸、单侧失电压启动 XL 时限，时限到达时自动合闸进行故障区域下游非故障区间的负荷转供。若在 XL 时限计时过程中感受到短时来电则闭锁合闸。

（6）当合闸速断型馈线自动化投入运行后，电网拓扑结构变化时需要重新计算修改相关保护定值。但针对多分支配电线路其 X 时限不需要做配合计算，可同时合闸。

4

智能分布式馈线自动化

　　智能分布式馈线自动化是邻域交互快速保护技术的一种具体表现形式，变电站 10kV 馈线开关配置具有邻域交互快速保护控制功能的配电终端，通过终端之间相互配合实现自愈式故障处理。对于一个开环运行的配电网，若一个开关流过了超过其保护定值设置的电流整定值的故障电流，则该开关配套的配电终端向其相邻开关的终端发送故障电流信息，若一个配电区域只有一个开关报送流过了故障电流，则故障发生在配电区域内部，否则，故障没有发生在故障区域内部。

　　智能分布式馈线自动化通过配电终端之间相互通信，完成故障定位、故障区域的隔离和非故障区域的恢复供电，并将故障处理的结果上报给配电自动化主站。它的动作不依赖于配电自动化主站，但是需要稳定、可靠且短时延的通信网络，借助通信网络，实现终端之间对等的通信，完成故障判定的选择性和快速性，将故障识别、故障隔离、恢复非故障区域供电一次性完成。

　　按照变电站 10kV 馈线出线开关在发生故障时的动作情况，智能分布式馈线自动化分为速动型与缓动型两种。

4.1 速动型智能分布式馈线自动化

4.1.1 技术原理

　　速动型智能分布式馈线自动化技术通过终端之间相互通信，在线路发生故障的第一时间完成故障定位、故障区域的隔离和非故障区域的恢复供电。它不依赖于配电自动化主站，但是需要稳定、可靠且短时延的通信网络。线路发生故障时，速动型智能分布式馈线自动化检测到故障电流的突变，从而启动动作程序，通过互相通信，告知相邻终端是否检测到突变的故障电流，进而判断故障点具体位置，确定故障在其下游的终端遥控其对应的断路器跳闸，将故障隔离在最小的范围内，判断线路末端受影响停电的非故障区域，通过遥控联络断路器合闸的方式，恢复非故障区域的供电，整个故障定位的逻辑如图 4-1 所示。

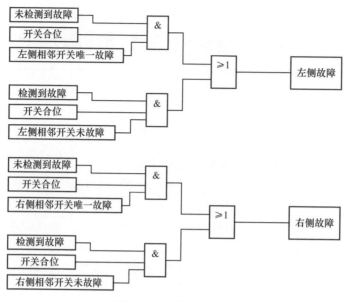

图 4-1 故障定位逻辑

整个动作过程在变电站出线开关保护预留的时间裕度内完成，既减少了站内开关的跳闸次数，也克服了传统继电保护的缺点。故障处理过程中，变电站出线开关不跳闸，各分段开关通过相互之间的信息通信判断故障区间并在第一时间切除故障，保证了供电的可靠性与持续性，提高了配电网可持续供电水平，故障隔离逻辑如图 4-2 所示。

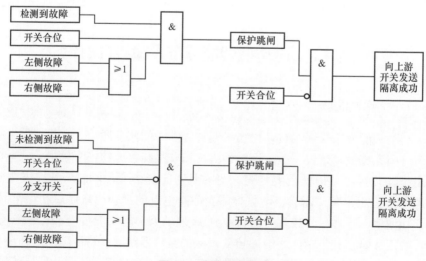

图 4-2 故障隔离逻辑

速动型智能分布式馈线自动化的优点是在线路发生故障时，能第一时间将故障区域隔离，故障点上游供电不受影响，故障点下游在毫秒级时间内恢复供电，可靠性更高，特别是对于零闪动要求的客户，更能满足可持续性供电要求。其缺点是一次设备必须全部为断路器，建设成本高，对通信要求比较严格（毫秒级），需要与站内出线开关的继电保护进行动作配合，变电站出线开关继电保护需要留出供智能分布式馈线自动化进行故障定位、隔离和非故障区域恢复供电的时间，这增加了变电站内设备被故障电流冲击的风险。

速动型智能分布式馈线自动化适用于 A+ 类、A 类和部分 B 类地区的对可靠性要求较高的网架结构稳定的电缆线路。当主干线路开关全部为断路器时，若变电站 / 开关站出口断路器保护满足延时配合条件，通常站内出线开关速断保护延时在 0.3s 及以上，可配置速动型智能分布式馈线自动化。通过分布式馈线自动化实现联络互投的手拉手线路、三电源单环开环运行线路、"N 供一备"单环开环运行线路。配电终端馈线自动化模式应一致，均应采用速动型智能分布式馈线自动化。

4.1.2　故障处理

1.　线路故障保护范围及故障分类

配置速动型智能分布式馈线自动化的线路故障保护范围为除变电站出线开关至第一个配电终端小号侧线路外的所有线路。

依据智能分布式馈线自动化故障处理特点将线路发生的故障分为母线故障（如图 4-3 所示）、干线故障（如图 4-4 所示）、分支线故障（如图 4-5 所示）和联络线故障（如图 4-6 所示）。

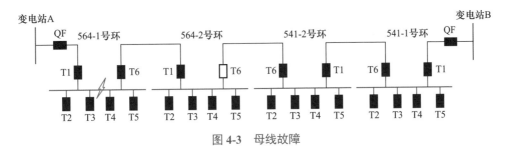

图 4-3　母线故障

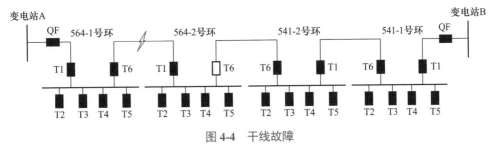

图 4-4　干线故障

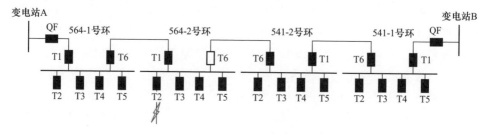

图 4-5　分支线故障

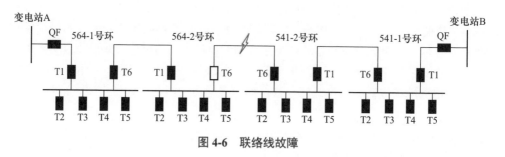

图 4-6　联络线故障

2. 故障处理

部署速动型智能分布式馈线自动化技术的终端主要是通过某一点发生故障时流过该终端的故障电流来判断故障区域，并给出对应的动作方案，以图 4-7 为例介绍发生不同类型故障时的处理动作方案。

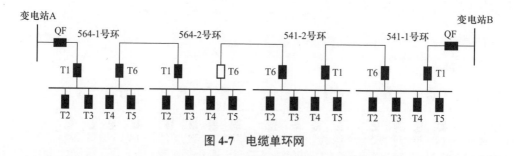

图 4-7　电缆单环网

如图 4-7 所示为一个末端拉手的单环网运行拓扑图，线路 564 与 541 分别来自两个不同的变电站母线 A 和 B，正常运行方式为开环运行，即 564 线路 2 号环 T6 开关（联络开关）处在热备用状态。

考虑现场实际情况及概率因素，馈线自动化在动作过程中只考虑单个短路或接地故障情况发生的故障处理流程，不考虑多种故障情况叠加的小概率事件的发生。速动型智能分布式馈线自动化故障处理策略按照故障点分类如下：

（1）母线故障由对应环网柜的进、出线开关动作切除，满足负荷转带条件的合上联络开关，实现非故障区域恢复供电。

（2）干线故障由线路的两端开关动作切除，满足负荷转带条件的合上联络开关，实现非故障区域恢复供电。

（3）分支线故障由相应的分支开关动作切除。

（4）联络线故障由联络开关的对端开关切除，并且不能转带负荷。

涉及联络开关合闸恢复非故障区域的情况，都会进行防止转带负荷线路过负荷情况判定，速动型智能分布式馈线自动化主要是通过判定两条拉手线路各自线路首个终端最大历史负荷及实时负荷来判断。

具体故障处理流程以 564 线路 2 号环 T3 分支发生故障时为例，线路中流过故障电流如图 4-8 所示。整个处理流程中，故障在变电站出线开关保护动作前切断故障电流，隔离故障区间，不会影响上游非故障区域用户正常用电。

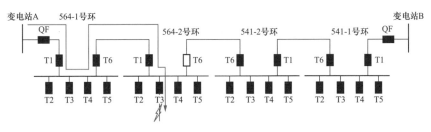

图 4-8　分支故障电流路径

具体处理流程如下：

（1）发生故障时，速动型智能分布式馈线自动化启动。

（2）线路上的所有配电终端进行通信，互相通报故障检测情况。

（3）564 线路 1 号环的进出线即 T1、T6 开关均检测到故障电流，证明该故障在 564 线路 1 号环下游。

（4）564 线路 2 号环 T1、T3 开关检测到故障电流且其他开关均未检测到故障电流，则馈线自动化判断故障发生在 564 线路 2 号环 T3 开关之后，即 564 线路 2 号环 T3 分支线故障。

（5）564 线路 2 号环 T3 间隔配电终端遥控开关分闸，将故障隔离，故障处理过程结束。

4.1.3　配套要求

1. 一次设备要求

（1）开关本体方面。速动型智能分布式馈线自动化的一次设备需要配置电缆环网箱，并要求环网箱内的开关全部为断路器，两个进线开关不互锁，断路器、隔离开关、接地开关之间有机械"五防"闭锁，断路器固有分闸时间小于 60ms。

注："五防"闭锁是指防止误分、合断路器，防止带负荷分、合隔离开关，防止带电挂（合）接地线（接地开关），防止带接地线（接地开关）合断路器

（隔离开关），防止误入带电间隔。

（2）开关状态监测方面。

1）遥信。断路器配置各类辅助触点能够反应断路器分、合闸位置，以及隔离开关位置、接地开关位置等各类遥信信号。断路器位置信号采用双位置遥信上送。

2）遥测。环网箱配置母线电压互感器，实现遥测电压功能，同时电压互感器容量需满足环网箱内 DTU、通信设备、保护装置、加热除湿装置等设备用电需求；环网箱每个间隔开关配置满足双缆要求的电流互感器，实现遥测电流的功能，电流互感器至少要具备保护、测量两个线圈且所有线圈电流要引出接入配套 DTU，零序电流互感器要能保证三相电缆并行穿过。

3）遥控。开关需配置电动操动机构（如弹簧操动机构、电磁操动机构、永磁操动机构等），一次开关与 DTU 可以采用端子排或者航插线的方式进行连接，进而实现开关"三遥"功能。

（3）环网箱状态监测方面。环网箱配置加热除湿装置，确保断路器在低温严寒或酷暑等各种自然环境下正常工作，同时在环网箱箱门配置行程开关，时刻掌握环网箱的开闭状态。

2. 配电自动化终端的要求

速动型智能分布式馈线自动化应选用具备即插即用速动型智能分布式馈线自动化功能的站所终端，其功能应能满足如下要求：

（1）信息的采集和处理。该终端应具备信息采集和处理的功能，能实现电压电流等交流量、蓄电池电压等直流量、开关分合位置等状态量信息的采集和处理。具备环网箱柜门行程开关（至少 4 个硬接点）的采集和接入功能，环网箱内温湿度测量、电缆头（数量按照 6 间隔环网箱每个间隔 3 相考虑）温湿度测量等信息的采集上送功能。

（2）遥控功能。能够接受并执行对开关的遥控命令，控制开关的分、合闸，能够根据馈线自动化功能正确下发遥控分合闸命令。

（3）参数设置。能实现电流整定值、电压越限值、零漂、死区、遥控执行时间等参数功能设置，也能实现时间设置及校时等功能。

（4）保护功能。具备三段式电流保护、零序保护、重合闸、涌流闭锁、开关分合闸闭锁等功能。能够在故障发生时启动录波功能，并按照要求格式存储和上送。

（5）事件记录和上送。能够记录和上送发生越限时的起始时间和结束时间，记录重要状态量变位发生的时间，具备故障事件记录及历史数据查询等功能。

3. 后备电源的要求

一次设备与配电终端应采用稳定可靠的后备电源，且二者后备电源要互相独立。后备电源应采用免维护阀控铅酸蓄电池或超级电容，免维护阀控铅酸蓄电池寿命不少于 3 年，超级电容寿命不少于 6 年。后备电源应能保证配电终端运行一定时间：免维护阀控铅酸蓄电池，应保证完成分—合—分操作并维持配电终端及通信模块至少运行 4h；超级电容，应保证分闸操作并维持配电终端及通信模块至少运行 15min。

4. 配套通信要求

速动型智能分布式馈线自动化可以采用 EPON 或工业以太网，也可以使用最新的 5G 无线通信，其对等通信的故障信息及控制信息交互时间不超过 20ms，信号上送配电主站时间不超过 3s，故障上游侧开关隔离完成时间不超过 150ms。终端之间通信同终端与主站通信使用单独信道，互不干扰。配电终端应具备至少两个独立物理地址的网口，一个用于与配电主站通信，另一个用于智能分布式配电终端之间信息交互。用于终端之间信息交互的网口不允许使用 TCP/IP 协议，不同联络互投区域的配电终端应选择不同网段，且不能与主站通信地址冲突。

（1）EPON 通信。

1）优势分析。速动型智能分布式配电终端之间优先选用光纤 EPON 通信，即以太无源光网络技术，它采用点到多点结构、无源光纤传输，在以太网上提供多种业务，能够提供配电终端之间的馈线自动化业务同时兼容对主站通信业务。它在物理层使用无源光网络（PON）技术，在链路层使用以太网协议，利用 PON 的拓扑结构实现了以太网的接入，它综合了 PON 技术和以太网技术的优点，具有成本低、带宽高、扩展性强、服务重组灵活快捷、管理方便等特点，非常适合智能分布式馈线自动化的实际分布。

2）组织结构。典型的 EPON 通信由光线路终端（OLT）、光网络单元（ONU）和光分配网络（ODN）组成，ODN 又包含了光纤、配线架、分光器、尾纤等设备，它在智能分布式馈线自动化上应用的结构如图 4-9 所示。

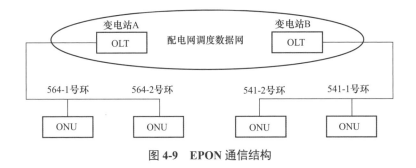

图 4-9 EPON 通信结构

3）传输原理。EPON 采用单纤双向技术，下行数据流采用广播技术，上行数据流采用时分多址技术。

在下行传输过程中，从 OLT 到多个 ONU 下行数据传输时采用数据广播方式发送，当数据包到达 ONU 时，ONU 通过地址分配，接收并识别发给它的信息包，丢弃发给其他 ONU 的数据包。

在上行传输过程中，采用时分多址方式，每个 ONU 上行数据分配一个专用的时隙，保证数据汇合到 OLT 时不会互相干扰。

4）速动型智能分布式馈线自动化通信过程。在速动型智能分布式馈线自动化动作过程中，站所终端（DTU）通过其所属的 ONU 将消息上行送到变电站内的 OLT，OLT 将所有信息汇总后通过广播的方式下行发到所有 ONU，进而到所有 DTU，这样 DTU 可以在极短的时间内互相通报是否检测到故障信息，从而实现在有限时间内完成故障点查找、故障区域判断等功能。

（2）其他通信方式。

1）工业以太网。光纤工业以太网是以光纤为通信介质的工业以太网，它在变电站内的交换机构成光纤自愈环，在终端侧配置交换机与主环相连，DTU 通过以太电缆接入交换机，从而实现终端之间及终端与主站之间的信息交互。它实时响应速度快，分段冗余可靠性高，不同产品互通开放性好，相较于 EPON 网络，成本更高。

2）5G 无线通信。传统智能分布式馈线自动化是通过光纤进行通信，光纤通信虽然有延时低、带宽高、信号传输稳定等优势，但同时存在需要单独敷设光缆、成本高昂、施工难度大、很多地方不具备敷设光纤条件的缺点。

5G 无线通信是指第五代移动通信技术，具有高速率、低时延和广连接的特点，速动型智能分布式馈线自动化可以利用 5G 专网、切片、5QI、预调度等技术实现配电网故障的毫秒级处理。它能够满足智能分布式馈线自动化对通信的要求，可以作为光纤通信智能分布式馈线自动化的一种补充。

运营商提供 5G SA 专网向下覆盖整个电力终端，终端 DTU 通过 5G 通信模组接入 5G 基站，通过专用切片保障数据的安全性、可靠性，5QI 保障数据的优先调度，上行智能预调度、使用小 SR 周期降低业务延时，进而通过 5G 通信技术承载速动型馈线自动化的整个功能。

使用 5G 无线通信来实现终端之间及终端与主站之间的通信，在满足时延、稳定等要求的前提下，可以有效克服光纤通道敷设困难的问题，布置灵活，但是对配套通信设备要求比较高，5G 专网、切片、5QI、预调度等先进技术在电力系统的应用还需要进一步验证。

5. 时延要求

速动型智能分布式馈线自动化动作时延主要由故障判断定位时间、终端之间信息交互时间、动作延时组成。

对于速动型智能分布式馈线自动化，需要终端之间互相通信的空端口时延低于 30ms，加上开关的固有动作时间 60ms，以及智能分布式馈线自动化从检测到故障信息到给出正确的故障类型判断 50ms，这样速动型智能分布式馈线自动化需要能够在 140ms 内将故障进行隔离，考虑到一次拒动情况的发生，还会增加至少 60ms，因此速动型智能分布式馈线自动化要求能够在 200ms 内将故障可靠隔离。

6. 安全性要求

（1）终端与主站之间。为了保证配电终端与配电自动化主站之间的通信安全，当前的配电终端均内置有硬加密芯片，该芯片具备 SM1、SM2、SM3 国密算法，真随机数发生器等多种安全保护机制，可有效保证数据传输、存储的机密性和安全性。在主站侧配置加密机，配合终端侧加密芯片实现终端对主站之间的安全可靠通信。

（2）终端与终端之间。速动型智能分布式馈线自动化需要终端之间互相通信，进而实现其功能，终端之间互相通信的信道与每个终端对主站通信的信道要相互独立且采用不同的加密方式以保证信息传递的安全性。

7. 保护配置要求

传统的继电保护配置复杂且易受线路运行方式的影响，故障发生后的越级跳闸或者多级跳闸情况时有发生。考虑到投入速动型智能分布式馈线自动化线路基本是供电半径较短的城区电缆环网线路，在保护设置上需要与变电站出线开关的速断、过电流保护的动作时限有级差配合，动作限值依据变电站内出线开关保护的二段进行设置，时间限值依据变电站内出线开关保护一段进行设置，典型级差 0.3s，对应站内开关速断保护时限为 0.5s 的情况，需要在 0.2s 内将故障切除。

4.2　缓动型智能分布式馈线自动化

4.2.1　技术原理

缓动型智能分布式馈线自动化通过终端之间的互相通信，在线路发生故障时进行故障点判断、故障区域检测，记录所有的故障记忆，在变电站出线开关检测到故障并跳闸后，智能分布式馈线自动化在全线路停电的情况下依据故障记忆进行故障分析判断并遥控开关分闸实现故障区域隔离，遥控故障区域末端开关分闸并合上联络开关实现下游非故障区域恢复送电，然后站内出线开关通过遥控合闸、人工合闸或者重合闸的方式，将整条线路除故障区域外恢复正常供电。

缓动型智能分布式馈线自动化的优点是对通信要求相对较低（秒级），一次设备可以是负荷开关，建设成本低，不需要与站内保护进行配合，方便部署；缺点就是线路任何一点发生故障，全线路都会停电，线路冲击比较大，故障隔离失败后线路还要经受一次冲击，容错性比较差。

该型馈线自动化适用于 A+ 类、A 类和部分 B 类地区对可靠性要求较高的电缆线路，网架结构稳定，适用于单环网、双环网等开环运行的配电网架。当主干线路开关全部为负荷开关时，配置缓动型智能分布式馈线自动化；当变电站 / 开关站出口开关保护不满足级差延时配合条件时，也可以优先选择配置缓动型智能分布式馈线自动化；通过智能分布式馈线自动化实现联络互投的线路，配电终端馈线自动化模式应一致，均采用缓动型智能分布式馈线自动化。

4.2.2 故障处理

缓动型智能分布式馈线自动化的线路故障保护范围与故障分类与速动型一致，发生不同类型故障时的动作方案也与速动型一致，区别在于缓动型需要站内出线开关跳闸后再进行动作，对终端后备电源的要求比较高，动作方案这里不再详述。

具体故障处理过程以 564 线路 1 号环至 2 号环之间干线故障发生时为例，线路中流过故障电流如图 4-10 所示。

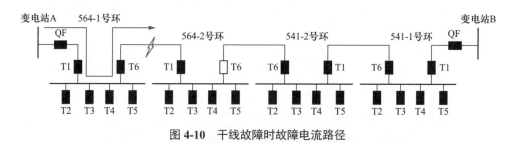

图 4-10　干线故障时故障电流路径

（1）发生故障，缓动型智能分布式馈线自动化启动。

（2）线路上的所有配电终端检测是否有故障并进行记录，变电站出线开关保护动作，将出线开关 QF 跳开，整条线路失电。

（3）各分段开关的配电终端相互进行通信，通报故障检测情况。

（4）564 线路 1 号环的进出线即 T1、T6 开关均检测到故障电流，证明该故障在 564 线路 1 号环下游。

（5）564 线路 2 号环的开关均未检测到故障电流，则馈线自动化判断故障发生在 564 线路 1 号环至 2 号环之间，即 564 线路 1 号环至 2 号环之间干线故障。

（6）遥控 564 线路 1 号环 T6 开关分闸，2 号环 T1 分闸，将故障区域隔离。

（7）同时判断 564 线路 1 号环 T1 开关与 5411 号环 T1 开关故障前实时负荷及历史最大负荷是否满足转带要求，如果满足，则遥控合联络开关即 564 线路 2 号环 T6 开关，恢复下游非故障区域正常供电。

（8）变电站出线开关重合闸或者通过其他方式合闸，恢复故障区域上游正常供电，整个故障处理过程结束。

4.2.3　配套要求

1. 一次设备要求

（1）开关本体方面。缓动型智能分布式馈线自动化的一次设备需要配置电缆环网箱，环网箱内的开关可以为断路器或者负荷开关，两个进线开关不互锁，开关、隔离开关、接地开关之间有机械"五防"闭锁。

（2）开关状态监测方面。

1）遥信。开关配置各类辅助触点能够反应开关分、合闸位置，隔离开关位置、接地开关位置等各类遥信信号，开关位置采用双位置遥信上送。

2）遥测。环网箱配置母线电压互感器，实现遥测电压功能，同时电压互感器容量需满足环网箱内 DTU、通信设备、保护装置、加热除湿装置等设备用电需求。环网箱每个间隔开关配置满足双缆要求的电流互感器，实现遥测电流的功能，电流互感器至少要具备保护、测量两个线圈且所有线圈电流要引出接入配套DTU 终端，零序电流互感器要能保证三相电缆并行穿过。

3）遥控。开关需配置电动操动机构（如弹簧操动机构、电磁操动机构、永磁操动机构等），一次开关与 DTU 终端可以采用端子排或者航插线的方式进行连接，进而实现开关"三遥"功能。

（3）环网箱状态监测方面。环网箱配置加热除湿装置，确保断路器在低温严寒或酷暑等各种自然环境下正常工作，同时在环网箱箱门配置行程开关，时刻掌握环网箱的开闭状态。

2. 配电自动化终端的要求

缓动型智能分布式馈线自动化应选用具备即插即用缓动型智能分布式馈线自动化功能的站所终端，其功能应能满足如下要求：

（1）信息的采集和处理。该终端应具备信息采集和处理的功能，能实现电压电流等交流量、蓄电池电压等直流量、开关分合位置等状态量的采集和处理功能。具备环网箱柜门行程开关（至少 4 个硬接点）的采集和接入功能，环网箱内温湿度测量、电缆头（数量按照 6 间隔环网箱每个间隔 3 相考虑）温湿度测量等信息的采集上送功能。

（2）遥控功能。能够接受并执行开关的遥控命令，控制开关的分、合闸，能够根据馈线自动化功能正确下发遥控分合闸命令。

（3）参数设置。能实现电流整定值、电压越限值、零漂、死区、遥控执行时间等参数功能设置，也能实现时间设置及校时等功能。

（4）保护功能。具备三段式电流保护、零序保护、重合闸、涌流闭锁、开关分合闸闭锁等功能。能够在故障发生时启动录波功能，并按照要求格式存储和上送。

（5）事件记录和上送。能够记录和上送发生越限时的起始时间和结束时间，记录重要状态量变位发生的时间，具备故障事件记录、历史数据查询等功能。

3. 后备电源

投入缓动型智能分布式馈线自动化的一次设备和配电终端需要更加稳定可靠的后备电源，以保证在线路停电、交流失电的情况下能够顺利完成馈线自动化功能，具体的参数要求同速动型。

4. 配套通信要求

缓动型智能分布式馈线自动化可以采用 EPON 或工业以太网，也可以采用最新的 5G 无线通信，其对等通信的故障信息及控制信息交互时间不超过 1s，信号上送配电主站时间不超过 3s，故障上游侧开关隔离完成时间不超过 10s。

5. 时延要求

对于缓动型智能分布式馈线自动化，要求终端之间互相通信的空端口时延低于 1s，加上开关的固有动作时间 60ms，以及智能分布式馈线自动化从检测到故障信息到给出正确的故障类型判断 50ms，考虑到一次拒动情况的发生，时间还可能翻倍，因此缓动型智能分布式馈线自动化要求能够在 10s 内将线路上游故障可靠隔离，不影响站内开关的正常合闸送电。

6. 安全性要求

缓动型智能分布式馈线自动化的安全性要求同速动型一致，均应满足国家电网对配电终端的信息安全要求。在终端与主站之间通过配电终端内置的硬加密芯片，实现 SM1、SM2、SM3 国密算法，真随机数发生器等多种安全保护机制，有效保证数据传输、存储的机密性和安全性。终端与终端之间通过互相独立的信道并配以不同的加密方式以保证信息传递的安全性。

7. 保护配置要求

投入缓动型智能分布式馈线自动化线路在保护设置上不需要与变电站出线开关的速断、过电流保护配合，以变电站出线开关保护因故障动作时，终端可靠检测到故障为原则，一般需要至少 0.15s。

5

级差保护与馈线自动化混合应用

 5.1 配电网继电保护解决方案

据统计，超过 85% 的故障停电是由于配电网故障造成的。因此，配电网故障处理对于提高供电可靠性具有重要意义。

输电网的故障处理由继电保护、自动重合闸、备用电源自动投入装置等来完成，但配电网继电保护配合困难，因此，20 世纪末掀起了主站集中式馈线自动化的建设热潮。通过主站、通信网、终端，在获取全局信息的情况下，进行故障定位，通过遥控进行故障隔离，恢复上下游的非故障区域供电，环节多且任何环节障碍都影响其实施效果。经过一段时间的实践，人们认识到充分发挥继电保护的作用可以在配电网故障处置中起到事半功倍的作用。

5.1.1 短路故障解决方案

1. 乡村配电网

乡村配电网由于供电半径长，沿线短路电流水平相差较大，甚至部分长线路因中前段负荷较大、末端负荷不大，出现了末端短路电流低于最大负荷电流的情况。该场景下可采用配置多级三段式电流保护的方法保障线路供电，但在现场实际运行中，又由于配置不当，故障时容易出现越级跳闸和多级跳闸的问题。

针对以上低负荷密度地区供电半径长的馈线，多级三段过电流保护配合策略如图 5-1 所示。

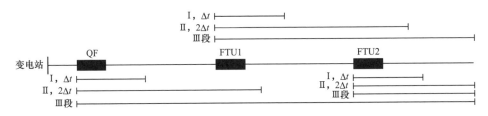

图 5-1 多级三段电流保护配合

在传统输电线路保护定值整定计算中，按保护区末端发生三相短路时短路电流进行整定（乘可靠性系数），按保护区末端发生两相短路时的短路电流乘灵敏度系数进行校验。两级保护间所需的最小间距比较长。

对于两相相间短路和三相相间短路分别采用各自的整定值而不是共用同一套整定值，可以缩小两级配合所需最小间距，增大配合级数。

2. 城市配电网

城市配电网供电半径短，沿线短路电流水平相差不大。变电站出线开关配置瞬时速断保护造成全线继电保护配合困难。为解决配电线路全线继电保护配合困难的问题，要求变电站出线断路器不装设瞬时电流速断保护，而是采用延时速断保护功能，此时需要满以下条件：

（1）当线路发生短路故障使发电厂厂用母线或重要用户母线电压不低于额定电压的 60%。

（2）线路导线截面积足够大，线路的热稳定允许带时限切除短路故障。

（3）过电流保护的时限不大于 0.5～0.7s。

（4）对出线开关，没有在保护配合上必须要求瞬时速断。

针对条件（1），解决配电线路短路使发电厂厂用母线或重要用户母线电压不低于额定电压的 60% 的问题，可采用配置延时速断保护＋低电压启动的瞬时速断保护。

针对条件（2），可提高主干线的绝缘化率。主干线故障很少，85% 的故障发生在分支线及以下。用户、次分支线故障不影响分支线，分支线故障不影响主干线。主干线不配置断路器和保护，运行方式变化后，源端发生变化，会打乱现有逻辑。架空线开关选型和级差配合如图 5-2 所示。

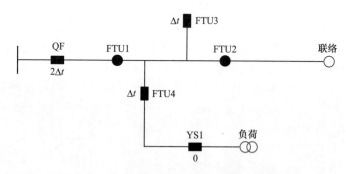

图 5-2　架空线开关选型和级差配合示意图

针对条件（3），主网往往以配电网短路电流水平高、主变压器抗短路能力差为理由，拒绝延时。

欧美主变压器采用小容量多布点方式，短路电流水平普遍在 12.5kA 以下。在我国，虽然短路电流水平已达 20kA，但仍有超标现象发生。主变压器短路电流水平，应降到 Q/GDW 10370—2016《配电网技术导则》规定的 20kA 以下。

针对条件（4），城市配电网普遍采用电缆网，供电半径短，故末端电压低、线损高不是主要矛盾，供电可靠性才是城市配电网的主要矛盾。为限制短路电流水平，可以加电抗器。如果不能容忍可能带来附加的线路损耗和电压损失，可以采用基于快速开关的无损限流器。正常情况下，可在快速开关旁路加装限流器。故障情况下，快速开关分闸，限流器投入。若限流后仍有风险，建议更换变压器。因为在出线断路器速断保护拒动、断路器拒分、母线故障时，会危及主变压器。

即使装设瞬时速断保护，仍有配合机会。通常，变电站出线保护配置要躲配电变压器的励磁涌流，变压器轻载情况下比较突出。一般过电流 I 段保护不会保护线路全长。多级级差部分配合逻辑如图 5-3 所示。

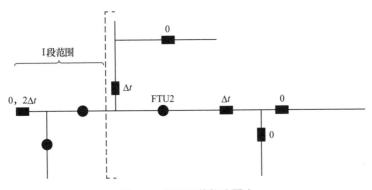

图 5-3　多级级差部分配合

若要求变电站出口设置瞬时速断保护且保护线路全长，可采用如下办法：分支断路器前串接限流电抗器，使分支短路电流水平远低于主干线，这样可以通过电流定值进行配合。对于分支线而言，线路损耗和电压降落都不是主要矛盾。加装后，故障率高的分支故障后不影响主干线。

综上所述，相间短路故障继电保护设计优先顺序推荐如下：

1）多级三段式电流保护配合。

2）延时速断＋多级级差配合。

3）延时速断＋限流＋多级级差配合。

4）延时速断＋无损限流＋多级级差配合。

5）分支限流＋全线速断配合。

5.1.2　接地故障解决方案

在我国，大部分主变压器 10kV 侧中性点采用小电流接地方式，以提高供电可靠性，原因在于：①接地电流小，电弧能量减少，电弧破坏力降低；②瞬时性单相接地可自愈；③永久性单相接地比例降低；④单相接地中瞬时性故障比例很高（污闪）。

但小电流接地系统的单相接地故障特征减弱，单相接地选线和定位难度增大，主要困难及解决思路如下：①信号小。信号小但并不微弱，可以进行放大。②干扰大。故障信号与干扰能够分开。③过渡电阻范围宽。金属性接地电阻为几十欧姆，高阻接地电阻为上千欧姆，可采用多路并行差异化增益放大解决。④传感器的传变特性差。高精度电磁式互感器和电子式互感器已经可以解决这个问题。

目前主流的单相接地选线和定位原理有：①稳态量法。简单，对于中性点不接地系统完全可行，对于中性点经消弧线圈接地系统存在问题。由于一般消弧线圈工作在过补偿状态，所以零序电流的大小、方向都会受到影响。②信号注入法。S 注入、双频导纳法可行，但需专门装置发送和接收信号，需要具备一定的抗过渡电阻能力。中电阻法存在问题，在增大信号特征的同时，增加了接地点电弧的能量，有可能把瞬时故障发展为永久故障。③暂态量法。可行，由于消弧线圈的在暂态过程中作用很微弱，几乎不会造成影响。

单相接地故障处理时，可采用以下策略：

（1）可靠熄弧。大部分单相接地故障为瞬时性单相接地故障，灭掉电弧后系统可恢复正常。有时，消弧线圈不能可靠熄弧，只能补偿工频容性电流。但是，接地电流含有阻性成分和高频成分，现有消弧线圈不能补偿。

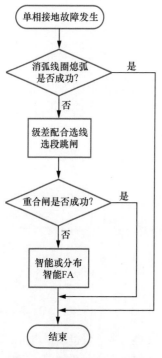

图 5-4　站内外协调的单相接地故障处理

（2）馈线自动化处理永久故障选线、定位。Q/GDW 10370—2016《配电网技术导则》要求就近快速隔离接地故障，需变电站内和站外协调配合，变电站内选线延时跳闸，变电站外选段延时跳闸。

由于接地电流小，可以给站内外接地保护预留出时间进行延时级差配合。自动重合闸非常必要，也能使一部分接地故障自愈。如果选线装置未能完成站内选线，则通过 SCADA 系统自动推拉跳闸，选定故障线路。下游健全区域，通过馈线自动化恢复供电。具体方式为：

1）集中式馈线自动化处理单相接地故障。

2）自适应综合型就地重合器式馈线自动化处理单相接地故障。

3）就地级差配合隔离故障区间，集中型馈线自动化恢复非故障区域供电。

4）为躲过消弧线圈暂态过程（零压稳定），一般需延时 200ms。

变电站内外协调处理单相接地的流程如图 5-4 所示。

（3）智能接地配电系统。主动转移型的熄弧装置以及线路上安装的反时限零序保护可用于隔离接地故障。智能接地配电系统组成如图 5-5 所示。

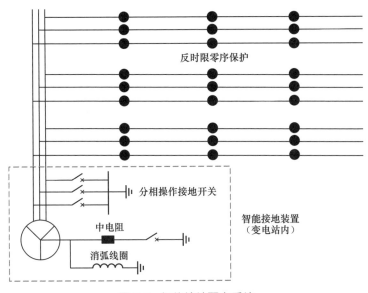

图 5-5　智能接地配电系统

1）首先，消弧线圈进行熄弧。

2）当故障为永久故障时，电弧复燃。投入中电阻，倍增接地点上游的零序电流的阻性部分，启动反时限零序保护，离故障点最近处跳闸。传统保护装置即可实现，虽然避免了暂时性故障发展为永久性故障，但可能增大电弧的破坏程度。

3）采用 S 注入法。故障点上游能检测到注入信号，下游检测不到。需要线路上的所有保护能接收信号并启动保护，需更换保护装置。

智能接地配电系统处理单相接地处理流程如图 5-6 所示。

5.1.3　广义继电保护

广义继电保护是指就地智能故障自动处理技术，主要包括：

（1）传统继电保护：下游故障时避免

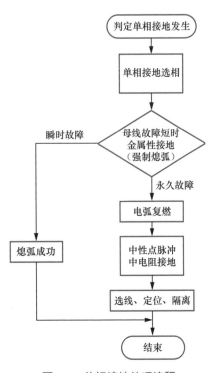

图 5-6　单相接地处理流程

上游停电，但故障区域下游无法通过传统继电保护恢复供电。

（2）自动重合闸：瞬时性故障时恢复供电。

（3）备用电源自动投入装置：确保重要用户供电可靠性。多电源供电，先恢复供电，后查找故障和恢复正常供电。

（4）自动化开关：恢复故障区域下游供电。

1. 传统继电保护

（1）电流保护。电流保护是配电网保护中最重要的一种，几乎所有故障都伴随着供电线路中电流的突变。目前国内配电网电流保护主要有以下两种配置方案：

1）三段式电流保护方案。三段式电流保护是指瞬时电流速断保护（电流Ⅰ段）、限时电流速断保护（电流Ⅱ段）和定时限过电流保护（电流Ⅲ段）。

瞬时电流速断保护按照躲过本线路末端短路时流过保护装置的最大短路电流的原则来整定，瞬时动作切除故障，但不能保护线路全长，存在保护死区。

限时电流速断保护按照本线路末端故障时有足够灵敏度并与下游相邻线路的瞬时电流速断保护配合的原则来整定，以便保护本线路全长，但是动作有时限以满足保护的选择性。限时电流速断保护既可以构成线路保护的主保护，也作为瞬时电流速断保护的后备保护。

定时限过电流保护按照躲过本线路最大负荷电流并与下游相邻线路过电流保护配合的原则来整定，可以保护本线路全长，但是动作有时限以满足保护的选择性。定时限过电流保护的动作电流按照躲过线路过负荷电流的原则来整定。与电流Ⅰ段和电流Ⅱ段保护相比较，定时限过电流保护的动作电流最小、灵敏度最高。定时限过电流保护一般作为本段线路主保护拒动时的近后备保护，也作为下级线路保护的远后备保护。

2）反时限过电流保护方案：反时限过电流保护是指保护动作时限与被保护线路中短路电流大小成反比关系的一种电流保护，短路电流越大，保护动作时间越短，即近处故障时动作时间短、远处故障时动作时间长，可以同时满足速动性和选择性的要求。

（2）方向电流保护。在含大容量分布式电源配电线路或闭环运行的配电线路上，线路两端均需装设断路器，并配置带功率方向的电流保护，以保障保护的选择性，将故障区域从两端电源邻近的健全区域隔离。

以图 5-7 所示的闭环运行配电网为例，联络开关 S 处于合闸状态，QF1～QF10 为保护断路器。若规定电流正方向为从母线流出到线路，则 QF1、QF3、QF5、QF7、QF9 为馈线 1 的各级正向保护，只有流过馈线 1 的正向短路电流时才启动保护；QF10、QF8、QF6、QF4、QF2 为馈线 2 的各级正向保护，只有流过馈线 2 的正向短路电流时才启动保护。当线路中任何一点发生故障时，利用电流保护将故障线路的两端断路器断开，使故障得以隔离。

（3）纵联电流差动保护。在前述单端电流保护中，为了保证选择性，瞬时电流速断保护只能保护线路的部分，死区内的短路故障只能依靠带时限的保护来切除。但线路纵联差动保护可以实现在线路内任何一点发生故障都能瞬时切除的目的。

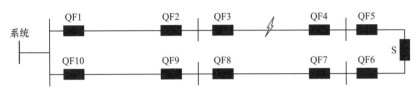

图 5-7　方向过电流保护

线路纵联差动保护是通过比较线路两侧流过电流的幅值和相位来判别保护区内是否发生故障并实施速断跳闸保护。纵联差动保护需要在被保护线路的首端和末端均装设保护，而且首末端之间需要建立通信通道来传递相互之间的电流信息。在动作电流和动作时限上，纵联差动保护不需要与相邻线路上下级保护相配合。

纵联电流差动保护应用于配电网存在三个实际困难：①配电网分支多，所保护的范围往往是由一些开关围成的多端区域；②在由一些开关围成的多端区域内往往还有负荷馈出，差动电流始终存在且随负荷波动而变化；③各端采集装置必须严格同步采样。典型的配电线路区域划分及纵联电流差动保护配置如图 5-8 所示。

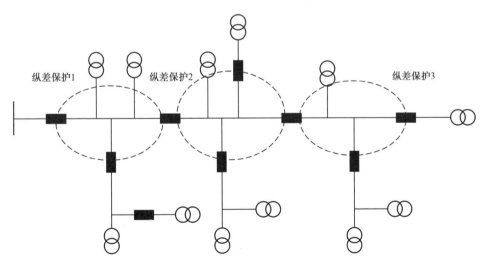

图 5-8　典型的配电线路区域划分及纵联电流差动保护配置

邻域交互快速保护技术保留了纵联差动保护所有的优点，同时解决了上述应用困难。

（4）电压保护。电压保护包括过电压保护和低电压保护。

1）过电压保护。配电网的过电压有雷电过电压和操作过电压。雷电过电压是雷击配电线路造成的，操作过电压是配电系统中开关在通断时的电路暂态过程造成的。

线路过电压保护通常是在配电母线上或靠近被保护区域的地方装设避雷器。对于某些电压敏感设备（如敏感电子设备、分布式电源等），可装设过电压继电保护装置，当电网电压高于阈值时从电网脱离。

2）低电压保护。配电网的低电压通常是由电网故障或过负荷造成的：一种低电压保护是低压甩负荷，只要母线电压低于设定值（譬如额定电压的 60%）就跳闸；另一种是低电压与过电流保护相配合的电流闭锁电压速断保护，当线路发生短路时，若重要用户母线电压低于额定电压的 60% 时，快速切除故障；还有一种低电压与过电流保护相配合的复合电压启动过电流保护，在电压降低或负序电压增加的同时出现过电流时，迅速切除故障。

譬如，某馈线装设定时限过电流保护和电流速断保护，由于电流速断保护是按照躲过线路末端最大短路电流来整定的，因此其保护灵敏度低，且存在较大的保护死区，当馈线后端发生短路故障时，只能依靠过电流保护带时限切除。此时，可以降低电流速断保护的动作电流以提高灵敏度和缩减保护死区，但同时附加低电压启动条件（譬如电压低于额定电压的 60% 时）以保障电流速断动作的可靠性。

2. 自动重合闸

自动重合闸是当断路器因故障跳闸后，根据需要再次使断路器自动投入。配电网装设自动重合闸装置可极大地提高其供电可靠性，减少停电损失。

在架空配电线路的故障中，由于雷击引起的绝缘子表面闪络、大风引起的线路对树枝放电和碰线、鸟害等瞬时性故障占故障总数的很大比例，当故障线路被断开后，故障点的绝缘强度会自动恢复，故障将自动消除，这时若能将断路器自动重合就可以重新恢复供电。

自动重合闸装置的工作模式可以分单相重合闸和三相重合闸，35kV 及以下供电线路大都采用三相重合闸装置。

自动重合闸的工作原理：当线路上发生任何类型的短路故障时，首先由继电保护装置将断路器断开，然后自动重合闸装置启动，经过预定的延时后发出合闸命令，断路器重新合闸。若故障为瞬时性的，则合闸成功，线路恢复供电；若故障为永久性的，则继电保护再次将断路器跳开，自动重合闸不再重合。

当线路正常运行时，自动重合闸应投入；当断路器因继电保护装置动作跳闸时，自动重合闸应动作。当运行人员通过控制开关或遥控装置将断路器断开时，自动重合闸不应动作；当运行人员手动合闸于故障，随即由保护装置将断路器断开时，自动重合闸也不应动作。自动重合闸的动作次数应符合预先的规定（如一次重合闸只应动作一次）。自动重合闸的动作时限应能整定，应大于故障点灭弧并使周围介质恢复绝缘强度所需时间和断路器及操动机构恢复原状、准备好再次动作的时间，宜大于 0.5s，通常设定为 1～3s。自动重合闸动作后，应能自动复归，为下一次动作做好准备。自动重合闸应能和保护装置配合，使保护装置在自动重合闸前加速动作或在自动重合闸后加速动作。

（1）重合闸前加速保护方式。在重合闸前加速保护方式中，自动重合闸装置（ARD）仅装在最靠近电源的一段线路上，如图 5-9 所示，设线路 L1、L2、L3 上均装设定时限过电流保护，其动作时限按阶梯原则配合。无论哪段线路上发生故障，均由最接近电源端的线路保护装置 QF1 无延时无选择地切除故障，然后 QF1 的 ARD 自动重合闸将断路器重合一次。若属于瞬时性故障，则重合成功；若属于永久性故障，则再次由线路上各段的保护装置有选择地切除故障，同时自动重合闸闭锁。

图 5-9 重合闸前加速保护

前加速保护方式只需要一套自动重合闸装置，简单经济，动作迅速，能够避免瞬时性故障发展为永久性故障。但是，若故障是永久性的，会对系统造成二次冲击，再次切除故障的时间也会延长。前加速保护方式主要用于 35kV 及以下的由主变压器电站引出的直配线路。

（2）重合闸后加速保护方式。在重合闸后加速保护方式中，线路的每一段保护都配置三相一次自动重合闸装置，如图 5-10 所示。当某段被保护线路发生故障时，首先由保护装置有选择地将故障线路切除，随即相应的重合闸装置自动重合一次。若属于瞬时性故障，则重合成功；若属于永久性故障，则保护装置加速动作，无时限地再次断开断路器，同时自动重合闸闭锁。

图 5-10 重合闸后加速保护

3. 备用电源自动投入

在双电源供电系统中，当一路电源因故失电压时，备用电源自动投入装置（BZT）能够自动、迅速、准确地把用电负荷切换到备用电源上，保障用户供电不间断，显著提高供电可靠性。

通常，备用电源的接线方式分为明备用接线方式和暗备用接线方式两种，这会影响 BZT 的配置，如图 5-11 所示。

在明备用方式下，一路是工作电源，另一路是备用电源，只有在工作电源发生故障时备用电源才投入工作。在图 5-11（a）所示的明备用方式中，BZT 装设在备用电源进线断路器 QF2 处，正常情况下由工作电源供电，备用电源因 QF2 断开而处于备用状态。当工作电源故障时，BZT 动作，QF1 断开，QF2 自动闭合，备用电源投入工作。

在暗备用方式下，正常时两路电源都投入工作，互为备用，当一路电源故障时将其原带负荷转移到另一路电源之下。如图 5-11（b）所示，BZT 装设在母联断路器 QF3 处，正常情况下母联断路器处于开断位置，两路电源分别向两段母线上的负荷供电，两路电源通过断路器 QF3 互为备用。若 I 段母线因电源 A 故障而失电压，则 BZT 动作，QF1 断开，QF3 自动闭合，此时 I 段母线上的负荷改由电源 B 供电。

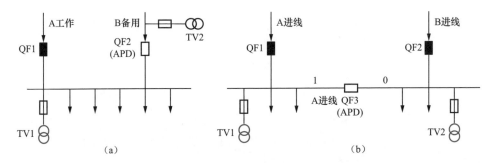

图 5-11　备用电源接线方式与备用电源自动投入装置配置
（a）明备用；（b）暗备用

备用电源自动投入装置应遵守以下基本原则：

（1）当工作电源失电压时，BZT 应将此路电源切除，随即将备用电源投入，以保证不间断地向用户供电。

（2）若因负荷侧故障，导致工作电源被继电保护装置切除，BZT 不应动作；备用电源无电时，BZT 也不应动作。

（3）工作电源的正常停电操作时 BZT 不能动作，以防止备用电源投入。

（4）电压互感器的熔丝熔断或其刀开关拉开时，BZT 不应误动作。

（5）BZT 只应动作一次，以避免将备用电源合闸于永久性故障。

（6）BZT 的动作时间应尽量缩短。在采用快速开关的情况下，10kV 备用电源自动投入时间已经可以小于 20ms。

对于具有两条及两条以上供电途径的用户，在主供电源因故障而失去供电能力时，备用电源自动投入控制可以快速切换从而迅速恢复多供电途径用户供电。因此，为对供电可靠性有极高要求的用户或供电区域规划多供电途径和相应的网架结构（如双射网、对射网、双环网等）并配置备用电源自动投入控制是一种行之有效的策略，但是其投入往往较高。

4. 自动化开关

自动化开关配合模式有如下：①重合器与电压时间型分段器配合；②重合器与电压电流型分段器配合；③重合器与重合器配合；④合闸速断方式。由于这些采用的 20 世纪 80 年代的技术，存在大量的改进提高的空间，如可以缩短 X、Y 时限，优化处理路径等。

具体配合方式以重合器与电压时间型分段器配合为例做说明。

（1）多分支馈线：主干线采用电压时间型馈线自动化分段器，分支线采用传统继电保护功能，如图 5-12 所示。

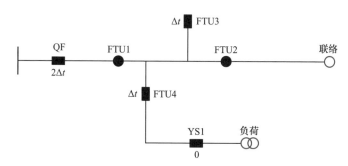

图 5-12　自动化开关与继电保护配合 1

该配合方式下，分支线故障不跳干线。干线故障时，重合器 QF 两次重合闸，即电压时间型馈线自动化故障处理过程，做故障区间定位、隔离和恢复非故障区间供电。

（2）长馈线：采用传统继电保护将长线路做分段保护，保护区段段内采用电压时间型馈线自动化分段器做分段故障定位隔离，如图 5-13 所示。

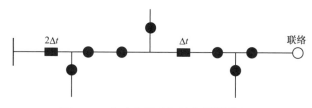

图 5-13　自动化开关与继电保护配合 2
■ 可投保护＋重合闸的断路器；● 电压时间型 FA 分段器

该配合方式下，将长线路做分段处理，每段首端开关投保护和重合闸功能，配合电压时间型馈线自动化分段器，完成电压时间型馈线自动化逻辑，最终实现故障处理的目的。

在工程现场应用时不必要求 100% 配合，供电可靠性明显改善即可。动作型"两遥"终端可以向主站报告，确定故障区间，缩短故障处理时间。

提高配电自动化覆盖率，需要将"三遥"做精。故障处理以本地快速执行、主站监测模式为主。需要配置多少终端，可以根据供电可靠性需要而定。

未来的发展趋势：①进一步提高继电保护配合级数；②自适应重合闸技术。传统重合闸是以一次失败的重合为代价的，可能造成电网设备的进一步破坏。自适应重合闸应能区分永久性故障和暂时性故障，避免不必要的风险。上述两项，应能通过一二次融合成套设备实现。

 ## 5.2　配电网继电保护装置及运行

继电保护是电网的保护装置，是基本的电网设备之一。一、二次设备中的二次设备实际上就是指继电保护与自动装置，这是设备级的就地控制手段，包括广域保护都属于这种性质。配电自动化实际上是在继电保护和自动装置基础上二次系统的高级发展，属于系统级的自动化体系范畴，它们都是配电网运行和供电服务的重要保障。对配电网的控制，首先是就地的继电保护和自动装置的控制，然后是与继电保护自动装置协同部署的自动化系统的就地或远方监控，实现系统级整体监控和管控，使得它们能共同完成配电网的安全、可靠、优质服务的任务。

5.2.1　继电保护装置功能简述

考虑经济和技术方面的原因，配电线路一次设备及变电站出线开关一般采用速断保护和过电流保护功能，瞬时速断保护动作快速切除故障，过电流保护作为线路的后备保护，延时动作。配电架空线路瞬时性故障较多，因此多配置重合闸装置，躲过瞬时性故障快速恢复供电，提高供电可靠性。

常见的配电网继电保护自动装置按照应用分类，主要有线路保护装置、光纤差动电流保护装置、站用变压器保护装置以及备用电源自动投入装置。其中线路保护装置是配电网最常见的继电保护形式，通常安装在变电站出线开关位置，用于实现整条馈线的继电保护功能，包括相间短路故障和小电阻接地系统接地故障的保护跳闸。

1. 线路保护装置

配电网线路保护装置一般安装于变电站的 10kV 馈线开关柜、10kV 开关站的出线间隔、10kV 配电线路的断路器设备等。主要配置三段式电流保护、零序过电流保护以及重合闸，一些地区还要求配置低频或低压保护。保护装置主要功能可根据实际情况进行配置。

（1）保护方面的主要功能：定时限过电流保护（可经方向或复合电压闭锁）、零序过电流保护/小电流接地选线、三相一次重合闸（检无压、同期、不检）、合闸加速保护、低周减载保护、低压减载保护、独立的操作回路、故障录波。

（2）测控方面的主要功能：遥信开入采集、装置遥信变位、事故遥信、正常断路器遥控分合；电流、电压、频率等模拟量的遥测；开关事故分合次数统计及事件顺序记录（SOE）等。

（3）保护信息方面的主要功能：保护定值、区号的远方查看、修改；保护功能软压板的远方查看、修改；装置硬压板状态的远方查看；装置保护动作信号的远方复归。

2.　光纤差动保护装置

光纤差动保护一般安装于变电站的 10kV 馈线开关柜，以及 10kV 开关站的进线间隔。主要配置光纤差动保护、三段式电流保护、零序过电流保护及重合闸。

（1）保护方面的主要功能：光纤差动保护；光纤差动保护、定时限过电流保护（可经方向或复合电压闭锁）、零序过电流保护/小电流接地选线、三相一次重合闸（检无压、同期、不检）、合闸加速保护、低周减载保护、低压减载保护、独立的操作回路、故障录波。

（2）测控方面的主要功能：遥信开入采集、装置遥信变位、事故遥信、正常断路器遥控分合；电流、电压、频率等模拟量的遥测；开关事故分合次数统计及SOE 等。

（3）保护信息方面的主要功能：保护定值、区号的远方查看、修改；保护功能软压板的远方查看、修改；装置硬压板状态的远方查看；装置保护动作信号的远方复归。

3.　站用变压器保护装置

站用变压器保护用于保护开关站内的配电变压器，主要配置三段式电流保护、零序过电流保护、负序过电流保护及非电量保护。保护装置主要功能可根据实际情况进行配置。

（1）保护方面的主要功能：高压侧三段过电流保护（可经复合电压闭锁）、过负荷保护跳闸/报警、两段定时限负序过电流保护、高压侧接地保护、低压侧接地保护、高压侧低电压保护；非电量保护，即重瓦斯跳闸、压力释放跳闸；开关量保护，即轻瓦斯报警、超温报警或跳闸；具有独立的操作回路、故障录波。

（2）测控方面的主要功能：遥信开入采集、装置遥信变位、事故遥信、断路器遥控分合闸；电流、电压、频率等模拟量的遥测；开关事故分合次数统计及SOE 等。

（3）保护信息方面的主要功能：保护定值、区号的远方查看、修改；保护功能软压板的远方查看、修改；装置硬压板状态的远方查看；装置保护动作信号的远方复归。

4. 备用电源自动投入装置

备用电源自动投入装置一般安装于 10kV 开关站的进线开关间隔及母线分段断路器间隔，用于在单侧母线失电时，通过备自投功能对失电母线恢复供电。备用电源自动投入装置主要功能可根据实际情况进行配置。

（1）保护方面的主要功能：两种方式的进线自投功能；两种方式的分段（桥）开关自投功能；两段或三段定时限过电流保护（可经复合电压闭锁）；合闸后加速保护（可经复合电压闭锁）；一段零序过电流保护；故障录波。

（2）测控方面的主要功能：遥信开入采集、装置遥信变位、事故遥信；分段/桥断路器遥控分合闸；开关事故分合次数统计及 SOE 等。

（3）保护信息方面的主要功能：保护定值、区号的远方查看、修改；保护功能软压板的远方查看、修改；装置硬压板状态的远方查看；装置保护动作信号的远方复归。

5.2.2 继电保护运行

随着配电网的不断发展和配电自动化系统的广泛应用，配电网继电保护装置的运行和定值整定对配电网运行的安全性、可靠性起着非常重要的作用。当配电网发生故障的时候，配电网继电保护装置能快速地、有选择性地、可靠地做出正确反应，快速隔离故障，将停电范围控制到最小，影响降至最低。同时，对于配电网运行和抢修人员来说，可以快速找到故障点，尽快恢复供电，为国民经济和人民生活提供更好的供电服务。

10kV 配电网的继电保护整定计算应尽可能满足继电保护的选择性、灵敏性和速动性的要求，当不能兼顾选择性、灵敏性和速动性要求时，应保证规程规定的灵敏系数要求，并按照下一级电网服从上一级电网，保护电力设备的安全和保障用户供电的原则合理取舍。配电网定值整定计算可遵循 DL/T 584—2017《3kV ～ 110kV 电网继电保护装置运行整定规定》要求。下面以成都地区配电网继电保护整定为例进行介绍。

1. 变电站 10kV 线路整定原则

（1）电流速断保护整定原则：为防止 TA 饱和造成 10kV 线路开关拒动越级到主变压器开关动作，城区 10kV 线路保护投入电流速断保护，电流速断定值按 TA 变比一次值的 20 倍整定。

（2）电流保护整定原则：10kV 线路电流保护定值按 TA 变比一次值的 2 倍整定，110kV 变电站的 10kV 出线最末段相间保护时限不能大于 0.6s。

2. 线路重合闸投退原则

电缆线路和电缆超过 50% 的混合线路，不投重合闸；对全线架空和架空线路超过 50% 的混合线路，主电源侧投入检线路无压方式，小电源侧投入检同期方式；10kV 线路环进环出串供环网柜、分支箱，电缆出线多，人口密集，情况复杂的线路不投重合闸；220kV 变电站 10kV 出线不投重合闸。

3. 定时限零序电流保护配置原则

（1）零序电流 I 段：对本线路全线任一点单相接地故障有不低于 2.0 的灵敏度。动作时间起始 0.3s、级差 0.3s，或取固定值 1.0s。满足配合与灵敏度要求时，可固定取值 300A。

（2）零序电流 II 段：对本线路全线任一点单相接地故障有不低于 2.0 的灵敏度。可靠躲过线路的电容电流。动作时间起始 0.3s、级差 0.3s，或取固定值 2.0s。满足配合与灵敏度要求时，可固定取值 100A。

在配电网实际运行过程中，一般可将配电网继电保护和馈线自动化相结合，按照"快速隔离故障、停电范围最小、快速恢复供电"的原则，综合考虑配电网继电保护运行。

5.2.3 多级保护配合模式和整定方法

本节综合电流级差、时间级差两种配电网保护配合方法，系统地阐述配电网多级继电保护配合模式、特点及其定值的整定方法。

1. 配电网多级保护配合模式

配电网多级继电保护配合方法有三段式电流保护配合法和延时时间级差配合法两种，根据对这两种方法配置的差异，可以形成 4 种配置模式。

（1）模式 1：单纯三段式电流保护配合模式。

该模式采用三段式电流保护的 I 、II 段配合进行线路保护。

可配合级数：N 级。

所需延时时间级差：总共只需要一个延时时间级差，I 段 Δt_1=0s，II 段 Δt_{II}=Δt。

变电站出线断路器最短动作延时时间：0s。

变电站出线断路器最长动作延时时间：Δt。

例如，对于图 5-14 所示的配电网，变电站 10kV 出线断路器 S1 与分段断路器 A、（B、C）、D 构成 4 级三段式电流保护，其中，B 和 C 均为第 3 级。变电站出线断路器 S1、分段断路器 A、B、C、D 的保护动作延时时间 I 段均为 0，II 段均为 Δt。

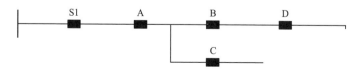

图 5-14 模式 1 保护配合示意图

该模式需要依靠电流定值之间的差异，优点是可以实现主干线上的多级保护配合，但当分支线或用户故障时，主干线上保护动作，故其缺点是选择性较差、故障停电用户数多。

（2）模式2：单纯延时时间级差全配合模式。

该模式下变电站出线断路器及其他参与保护配合的线路断路器均采用三段式电流保护的Ⅲ段（或Ⅱ段）保护，上下级保护之间通过保护动作延时时间配合确保选择性。

可配合级数：一般不超过3级。

所需延时时间级差：变电站须采用延时速断保护，2级配合需要1个延时时间级差，变电站出线断路器 $\Delta t_1 = \Delta t$，分支断路器 $\Delta t_0 = 0s$；3级配合需要2个延时时间级差，变电站出线断路器 $\Delta t_2 = 2\Delta t$，分支断路器 $\Delta t_1 = \Delta t$；次分支或用户断路器 $\Delta t_0 = 0s$。

变电站出线断路器最短动作延时时间：Δt（2级配合），$2\Delta t$（3级配合）。

变电站出线断路器最长动作延时时间：Δt（2级配合），$2\Delta t$（3级配合）。

例如，对于图5-15所示的配电网，变电站10kV出线断路器S1、分支断路器（A1、B1、B2、C1、D1、D2）和次分支断路器（A11、A12、C11、D11、D21、D22）构成3级延时级差保护配合。其中，次分支断路器（A11、A12、C11、D11、D21、D22）的延时时间为0s，分支断路器（A1、B1、B2、C1、D1、D2）的延时时间为 Δt，变电站10kV出线断路器S1的保护动作延时时间为 $2\Delta t$。

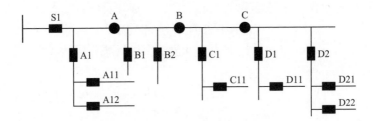

图5-15　模式2保护配合示意图

该模式只需设置不同的延时时间就可以实现保护配合，优点是两相相间短路和三相相间短路时都能全面配合，分支故障不影响主干线，次分支/用户故障不影响分支（3级配合时），故障停电用户少。但是，因为变电站出线断路器不配置Ⅰ段保护，对于必须瞬时切除故障的网络不适用。

（3）模式3：单纯延时时间级差部分配合模式。

该模式变电站出线断路器采用Ⅰ、Ⅲ（或Ⅱ）段保护，部分分支线采用Ⅲ段保护，分支线Ⅲ段保护与变电站出线断路器Ⅲ（或Ⅱ）段保护配合。

可配合级数：一般2级，馈线较长或导线截面积较小时也可实现3级配合。

所需延时时间级差：变电站采用瞬时速断保护和延时速断保护，$\Delta t_1 = 0s$，

$\Delta t_{\mathrm{II}}=\Delta t$；分支 / 次分支 / 用户开关 $\Delta t_0=0s$。

变电站出线断路器最短动作延时时间：0s。

变电站出线断路器最长动作延时时间：Δt。

例如，对于图 5-16 所示的配电网，当一部分分支断路器（B2、C1、C2、D1、D2）下游发生两相相间短路故障时，这些分支断路器可以与变电站 10kV 出线断路器 S1 构成 2 级延时级差保护配合。其中，分支断路器（B2、C1、C2、D1、D2）与变电站 10kV 出线断路器 S1 的延时时间均为 0s。

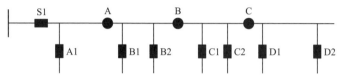

图 5-16　模式 3 保护配合示意图

该模式优点是变电站出线断路器配置有Ⅰ段保护，可瞬时切除近端故障，且分支故障不影响主干线。缺点是当馈线较短或导线截面积较大时，部分上游分支故障会造成越级跳闸，一般只有在一部分两相相间短路时才能实现配合。

（4）模式 4：三段式电流保护与延时时间级差混合模式。

该模式主干线采用Ⅰ、Ⅱ段保护，分支线和次分支线采用Ⅲ段保护。当Ⅰ段保护可延时时，主干线Ⅰ段保护与分支线Ⅲ段保护及次分支Ⅲ段保护之间依靠时间级差配合；当Ⅰ段保护不能延时时，主干线Ⅱ段保护与部分（Ⅰ段保护范围之外）分支线Ⅲ段保护及次分支Ⅲ段保护之间依靠时间级差配合。具体包括三段式电流保护与 3 级或 2 级全配合延时时间级差混合模式，以及三段式电流保护与 2 级部分配合延时时间级差混合模式。

可配合级数：$N+2$（全配合方式），$N+1$（部分配合方式）。

所需延时时间级差：与 2 级全配合延时时间级差混合，变电站出线断路器、主干线断路器Ⅰ段 $\Delta t_1=\Delta t$、Ⅱ段 $\Delta t_{\mathrm{II}}=2\Delta t$，分支 / 次分支 / 用户断路器 $\Delta t_0=0s$；与 3 级全配合延时时间级差混合，变电站出线断路器、主干线断路器Ⅰ段 $\Delta t_1=2\Delta t$、Ⅱ段 $\Delta t_{\mathrm{II}}=3\Delta t$，分支断路器 $\Delta t_1=\Delta t$，次分支 / 用户断路器 $\Delta t_0=0$；与 2 级部分配合延时时间级差混合，变电站出线断路器、主干线断路器Ⅰ段 $\Delta t_1=0s$、Ⅱ段 $\Delta t_{\mathrm{II}}=\Delta t$，分支 / 次分支 / 用户断路器 $\Delta t_0=0s$。

变电站出线断路器最短动作延时时间：与 2 级全配合方式混合，Δt；与 3 级全配合方式混合，$2\Delta t$；与 2 级部分配合方式混合，0s。

变电站出线断路器最长动作延时时间：与 2 级全配合方式混合，$2\Delta t$；与 3 级全配合方式混合，$3\Delta t$；与 2 级部分配合方式混合，Δt。

优点：选择性增强，故障停电用户减少。

缺点：与全配合方式混合时，降低变电站出线断路器保护动作的迅速性；与部分配合方式混合时，只有一部分两相相间短路故障时才可提高保护动作的选择性。

　　例如，对于图 5-17 所示的配电网，变电站 10kV 出线断路器 S1 与分段断路器 A、B、C 构成 4 级三段式电流保护配合。变电站出线断路器 S1、分段断路器 A、B、C 的保护动作延时时间 Ⅰ 段均为 $2\Delta t$，Ⅱ 段均为 $3\Delta t$；S1、A、B、C 与分支断路器（A1、B1、B2、C1、D1、D2）和次分支断路器（A11、B21、D11、D12）构成 3 级全配合延时级差保护，次分支断路器（A11、B21、D11、D12）的延时时间均为 0s，分支断路器（A1、B1、B2、C1、D1、D2）的延时时间均为 Δt。此例反映三段式电流保护与 3 级全配合延时时间级差混合模式。

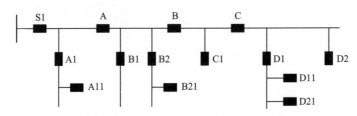

图 5-17　模式 4（3 级全配合）保护配合示意图

　　对于图 5-18 所示的配电网，变电站 10kV 出线断路器 S1 与分段断路器 A、B、C 构成 4 级三段式电流保护配合。变电站出线断路器 S1、分段断路器 A、B、C 的保护动作延时时间 Ⅰ 段均为 0s，Ⅱ 段均为 Δt；分支断路器（B2、C1、D1、D2）的延时时间均为 0s，分支断路器（B2、C1、D1、D2）下游发生两相相间短路故障时，S1、A、B、C 与分支断路器（B2、C1、D1、D2）构成 2 级部分配合延时级差保护。此例反映三段式电流保护与 2 级部分配合延时时间级差混合模式。

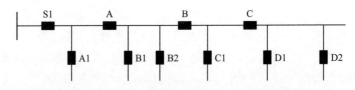

图 5-18　模式 4（2 级部分配合）保护配合示意图

　　由于该模式将三段式电流保护配合法与延时时间级差配合法综合起来，优点是选择性增强，主干线与分支线故障各不影响，故障停电用户少。缺点是与全配合方式混合时降低了变电站出线开关动作的迅速性；与部分配合方式混合时只有一部分两相相间短路故障时可以提高选择性。

　　2. 配电网多级保护配合模式的选择原则

　　在实际应用中，需要根据以上所述 4 种配电网多级保护配合模式的特点，合理选用合适的继电保护配合模式，可采用如图 5-19 所示的流程，其主要思想为：

（1）对于供电半径短、导线截面粗的城市配电线路，由于沿线短路电流差异小，难以实现多级三段式电流保护配合，因此主要采用延时时间级差配合方式实现线路的多级保护配合；对于供电半径长、导线截面细的农村配电线路，可以实现多级三段式电流保护配合，根据需要在可行的情况下，还可以采用三段式电流保护配合与延时时间级差配合相结合的方法进一步提高多级保护配合的性能。

（2）对于架空配电线路和架空线长度比例较高的电缆架空混合配电线路，在符合 GB/T 14285—2006《继电保护和安全自动装置技术规程》对于仅设置延时速断保护的要求，并且短路电流水平不是很高且变压器抗短路能力较强时，变电站出线断路器可不设置瞬时速断电流保护，而设置具有一定延时时间的延时速断保护，其延时时间可根据变压器抗短路能力和实际需要设置。延时时间级差取决于继电保护装置的故障检测时间、保护出口的驱动时间和断路器的动作时间。

（3）当变电站出线断路器的 I 段可以延时 1 个级差时，可以配置 2 级单纯延时时间级差全配合模式，或三段式电流保护与 2 级延时时间级差全配合混合模式；当变电站出线断路器的 I 段可以延时 2 个级差时，可以配置 3 级单纯延时时间级差全配合模式，或三段式电流保护与 3 级延时时间级差全配合混合模式。当变电站出线断路器必须设置瞬时速断电流保护时，需要配置多级三段式电流保护配合模式，或 2 级延时时间级差部分配合模式，或三段式电流保护与 2 级延时时间级差部分配合混合模式。

（4）对于电缆配电线路，由于即使在电缆上发生两相相间短路，也会引发三相相间短路，因此无法实现延时时间级差部分配合方式，不能选用单纯延时时间级差部分配合模式和三段式电流保护与延时时间级差部分配合混合模式。

（5）对于无法实现 1 级以上继电保护配合的情形，依靠配电自动化进行故障定位、隔离和健全区域恢复供电；即使对于能够实现多级继电保护配合的情形，配电自动化系统仍然有助于在保护动作不正确时进行修正性控制，或实现更加精细的故障定位、隔离和健全区域恢复供电。具体处理模式如图 5-19 所示。

3. **配电网多级保护电流定值整定原则**

配电网多级保护配合延时时间的整定原则，已经在前面详细论述，不再赘述。本节论述配电网多级保护配合电流定值的整定原则，根据 DL/T 584—2017《3kV ～ 110kV 电网继电保护装置运行整定规程》，可按如下整定原则整定电流定值。

应注意：对于辐射状线路，整定时仅考虑其本身；对于对侧有联络线路的多供电途径配电网架，需要在联络开关合闸由一侧馈线转带对侧馈线负荷的运行方式下综合考虑，如对于"手拉手"环状网，按照联络开关合闸方式下，综合考虑两条馈线的情况整定。

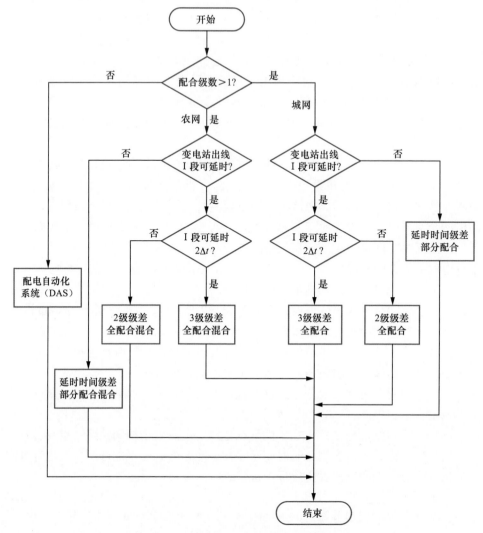

图 5-19　配电网多级保护配合模式的选择

（1）模式 1 整定原则。

Ⅰ段：三相短路与两相短路分开整定，三相短路电流定值按照躲过本级馈线段末端最大三相短路整定，附加级保护的定值按照系统最小运行方式下线路末端发生三相短路时有足够灵敏度来整定；两相短路电流定值按照躲过本级馈线段末端最大两相短路电流整定，附加级保护的定值按照系统最小运行方式下线路末端发生两相短路时有足够灵敏度来整定，两套定值的可靠系数均不小于 1.3，灵敏度系数不小于 1.5。

Ⅱ段：三相短路与两相短路分开整定，三相短路电流定值按照小于下一级馈线段三相短路电流定值的Ⅰ段保护范围整定，灵敏度校验用本级馈线段末端最小三相短路电流来校验；两相短路电流定值按照小于下一级馈线段两相短路电流定值的Ⅰ段保护范围整定，灵敏度校验用本级馈线段末端最小两相短路电流来校验。两套定值的可靠系数取 1.1～1.2，灵敏度系数均不小于 1.5。

最末级非附加级时按照保证线路末端灵敏度要求来整定，附加级不设置Ⅱ段保护。

（2）模式 2 整定原则。

变电站出线断路器电流定值整定原则：延时速断保护电流定值按照能保护线路全长，并且在系统最小运行方式下线路末端发生两相相间短路时有足够的灵敏度来整定，灵敏度系数不小于 1.5。

分支 / 次分支 / 用户断路器电流定值整定原则：电流定值按照躲过下游最大负荷电流以及励磁涌流来整定，可靠系数不小于 1.5。

（3）模式 3 整定原则。

变电站出线断路器电流定值整定原则：

Ⅰ段：电流定值按照躲过本级馈线末端最大三相短路电流整定，可靠系数不小于 1.3。

Ⅱ段：按照能保护线路全长，并且在系统最小运行方式下线路末端发生两相相间短路有足够灵敏度来整定，灵敏度系数不小于 1.5。

Ⅲ段：按照躲过下游最大负荷电流及励磁涌流来整定，可靠系数不小于 1.5。

分支断路器电流定值整定原则：按照躲过下游最大负荷电流以及励磁涌流来整定，可靠系数不小于 1.5。

（4）模式 4 整定原则。

1）$N+2$（全配合方式）。

主干线断路器电流定值整定原则：按照模式 1 的Ⅰ、Ⅱ段整定原则整定电流定值。

分支 / 次分支 / 用户断路器电流定值整定原则：电流定值按照躲过下游最大负荷电流以及励磁涌流来整定，可靠系数不小于 1.5。

2）$N+1$（部分配合方式）。

主干线断路器电流定值整定原则：

Ⅰ段：按照传统方式整定，即电流定值按照躲过本级馈线段末端最大三相短路电流整定，附加级保护的定值按照系统最小运行方式下线路末端发生两相短路时有足够灵敏度来整定。可靠系数不小于 1.3，灵敏度系数不小于 1.5。

Ⅱ段：按照传统方式整定，即按照任何情况下能保护本级线路全长，并且小于下一级保护的Ⅰ段保护范围来整定。灵敏度校验用本级馈线段末端最小两相短路电流来校验。两套定值的可靠系数取 1.1～1.2，灵敏度系数不小于 1.5。

最末级非附加级时按照保证线路末端灵敏度要求来整定，附加级不设置Ⅱ段保护。

分支/次分支/用户断路器电流定值整定原则：电流定值按照躲过下游最大负荷电流以及励磁涌流来整定，可靠系数不小于1.5。

注意：①对于辐射状分支，在设置附加级后，由于其Ⅰ段按照保护该级线路全长设置而不设Ⅱ段，会使附加段的分支线无法实现部分配合。因此，在附加级主干线路较短并且分支线较多的情况下，也可不设置附加级。②对于相互联络的配电网，整定时需综合考虑联络馈线之间的情况。

4. 涌流问题

合闸时由于配电变压器励磁造成的涌流对配电网继电保护的影响非常大，在不考虑剩磁的情况下，配电变压器在最不利合闸条件下的合闸涌流可以达到其额定电流的5～8倍，考虑剩磁后会更大。我国配电变压器一般为三相变压器，由于三相电压相差120°，合闸时总会有一相接近最不利合闸状态，因此相应相总会出现最大励磁涌流。

合闸时流经馈线开关的合闸涌流与单个变压器的励磁涌流不同，是该开关下游各个配电变压器产生的励磁涌流的叠加（即和应涌流）。故障时，继电保护动作导致某个断路器跳闸切除故障电流，导致其下游的各个配电变压器同时失电，因此剩磁大致是同一极性。在随后合闸时（比如重合闸或故障修复后进行送电时），又在同一时刻使各个配电变压器带电，因此流过该开关的合闸涌流幅值为下游各个配电变压器所产生的励磁涌流的叠加。

对于配电变压器而言，合闸瞬间涌流很大，但经过7～10个周波（即0.14～0.2s）后将迅速衰减到可以忽略的范围，因此，合闸涌流一般对Ⅱ段保护（延时速断保护）和Ⅲ段保护（过电流保护）影响不大，但是对Ⅰ段保护（瞬时速断保护）影响很大。若Ⅰ段保护不能有效躲过涌流，将导致保护误动或无法成功合闸恢复送电，对于配置有一次重合闸的情形，是造成瞬时性故障时重合闸失败的主要原因，在这种情况下往往需要投入巨大的精力去查找原本就不存在的"永久故障"，造成原本可以迅速恢复供电的大量用户长时间停电。

解决涌流问题的主要途径包括：

（1）采取二次谐波制动或通过检测间断角区分涌流与故障电流，从而避免Ⅰ段保护误动。

（2）牺牲Ⅰ段保护的灵敏度，适当增大电流定值以躲过励磁涌流。对于配置于分支线断路器上的无延时保护（比如Ⅰ段），分支下游配电变压器的容量一般较小，因此合闸时流过分支断路器的和应涌流宜不大，比较容易通过牺牲保护灵敏度来躲过涌流。

（3）牺牲Ⅰ段保护的速度，将其延时0.1～0.15s，此时涌流已经大部分衰减。

（4）分馈线段逐级合闸送电，减少每次合闸过程中对和应涌流产生贡献的配电变压器的台数，从而减少涌流的影响。

（5）重合闸控制中取消后加速，适当延时减少涌流的影响。

5. 分布式电源的影响

本节探讨分布式电源接入对多级三段式电流保护配合的影响。

对于含分布式电源的配电网，在发生相间短路情况下，流经变电站出线开关和馈线沿线各个分段开关的短路电流较分布式电源未接入时有所改变，需要结合故障所在馈线分布式电源的影响和同一母线上其他馈线上的分布式电源的影响进行综合分析。

当分布式电源容量不大并且属于变流器并网型时，其对短路电流的影响一般不大，甚至可以忽略，多级三段式电流保护配置和整定基本上不受影响。

当分布式电源容量较大或属于电机并网型时，其对短路电流的影响一般不可以忽略，需要分析其对多级三段式电流保护配置和整定（按照不含分布式电源的情形整定）的影响，若产生的影响可以接受，则沿用原来的配置和整定结果，否则对于反向保护可以考虑取消，对于正向保护可以采取下列两个措施之一：

（1）将整定原则更加严格化，适当提高可靠系数和灵敏度系数，重新配置和整定（按照不含分布式电源的情形整定），然后根据分布式电源产生的影响，对整定结果进行校验，校验时只要满足了原来的可靠系数和灵敏度系数即认为通过校验。

（2）若（1）仍不奏效，则可采取重合闸与分布式光伏脱网特性配合的方法。

1）变电站出线开关配置三段式电流保护，但是一次自动重合闸延时时间延长至大于 $2 \sim 3s$。

2）馈线沿线的三段式电流保护设置过电流脉冲计数开启功能，开启阈值为经历 1 次过电流和失电压后开启，也即故障发生后，在该保护装置经历第一次过电流时，三段式电流保护闭锁；只有变电站出线开关重合闸后，造成该保护装置再次经历过电流时，三段式电流保护才动作。

在这样配置后，当故障发生时将导致变电站出线开关的保护动作跳闸（此时馈线沿线其他开关因保护闭锁都维持在合闸状态），引起故障所在馈线的所有分布式电源在 2s 内迅速脱网；经过 $2 \sim 3s$ 以上的延时后，变电站出线开关重合，若是瞬时性故障，则重合成功，分布式电源逐渐并网恢复正常运行状态；若是永久性故障，则馈线沿线相应断路器的三段式电流保护动作（过电流脉冲计数开启）跳闸，实现保护配合。此时因该馈线上的分布式电源处于离网状态，不会引起流经该馈线沿线开关的短路电流降低，而来自其他馈线分布式电源的短路电流相对于主电源提供的短路电流要小得多，因此造成流经该馈线沿线开关的短路电流升高的影响不大。综上所述，采取措施（2）后，基本上可以沿用不含分布式电源条件下的整定结果，解决含大容量分布式电源配电网继电保护配合的问题。

6.　多级继电保护协调配合要点

（1）对于变电站出线开关未安装瞬时电流速断保护的情形，可以实现用户（次分支）、分支、变电站出线开关三级级差保护配合，实现用户（次分支）故障不影响分支、分支故障不影响主干线；而对于主干线故障则需要依靠主站集中式馈线自动化加以处理。继电保护配合能够提高配电自动化故障处理性能。

（2）对于变电站出线开关安装了瞬时电流速断保护的情形，由于绝大多数馈线相间短路故障为两相相间短路，馈线上仍然有一部分区域具备级差配合的条件，继电保护配合仍有助于提高配电自动化故障处理性能。

（3）对于不装设瞬时电流速断保护的馈线，分布式电源的接入一般不会破坏其多级级差保护的配合关系；对于装设瞬时电流速断保护的馈线，若分布式电源是从所在母线上的相邻馈线接入，则会扩大变电站出线开关瞬时电流速断保护的保护范围，减小可实现多级级差保护配合的区域范围。为了避免提供短路电流较大的分布式电源接入本馈线时反向故障电流导致过电流保护误动，需有选择性地配置方向元件。

（4）对于供电半径较长的配电线路，沿线短路电流水平差异较明显时，可以实现多级三段式电流保护配合。区分三相相间短路与两相相间短路的定值差异化整定的改进方法，能够改善传统整定方法在发生两相短路故障时灵敏度下降并且保护范围不足的问题。本节给出了实现多级三段式电流保护配合所需要的条件和配置方法，它是保护配合设计的依据。

（5）综合基于时间级差的保护配合与基于三段式电流保护的配合，配电网多级继电保护配合可以分为单纯三段式电流保护配合模式、单纯延时时间级差全配合模式、单纯延时时间级差部分配合模式、三段式电流保护与延时时间级差混合模式4种模式，本节分析了它们的特点，给出了它们的配置和参数整定原则。

5.2.4　速动磁控开关应用

1.　磁控速动型柱上断路器特点

（1）三相独立磁控机构：开关本体采用支柱式固封极柱结构，应用三相独立式磁控机构，具有质量轻、速度快、性能稳、智能化等特点。

（2）智能FTU：罩式非金属结构设计，防护等级IP67，高可靠、免维护。

（3）具备故障处理功能：集成单相接地故障和短路故障优化算法和就地处理能力。

（4）支持五级级差保护：基于磁控断路器的速动性和可靠性，可配置五级级差就地馈线自动化保护。机构采用军品级半硬磁记忆合金材料，直线运动分合闸机构设计，开断速度业内领先，开关分闸时间小于10ms，整组动作时间小于50ms，分合闸分散性小于1ms，支持全线五级级差保护。磁控速动型柱开性能详见图 5-20。

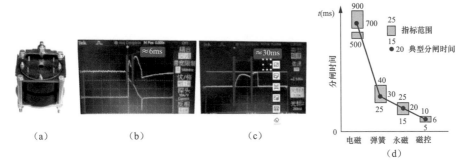

（a） （b） （c）

图 5-20 磁控速动型柱上断路器性能

（a）实物图；（b）磁控机构分闸录波图；（c）弹簧机构分闸录波图；（d）分闸时间

2. 支持多级全线速动型馈线自动化方案

全线速动型是通过变电站出线开关、主干线关键分段开关、重要分支开关等设备级差配合，实现线路故障分级处理的一种方式。变电站延时 300ms，75ms 一级级差，实现馈线首段、主干线分段、大分支首段、用户分界五级级差。速动断路器外形及配置如图 5-21 所示，使用案例如图 5-22 所示。

（a） （b）

图 5-21 磁控速动型柱上断路器

（a）常规版；（b）一体版

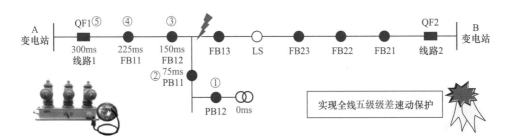

图 5-22 使用磁控速动型柱上断路器的速动保护方案

在北京怀柔、门头沟、密云、大兴和昌平等多地投入运行，尤其是在山区防火方面采用多级全线速动型馈线自动化自愈策略效果突出。因其技术特点鲜明、实用化水平高，北京已发文将磁控开关设备列为重点推广应用产品。

5.3 级差保护与馈线自动化混合应用

配电网故障处理通常采用继电保护与馈线自动化相结合的方式实现，利用继电保护快速切除故障，利用馈线自动化实现故障定位、隔离并恢复无故障区域供电。

针对分支、用户内部故障，如果对应关键节点未启用级差保护，则由上级保护完成故障电流切除；变电站出线断路器保护应作为级差保护的远后备保护，确保配电线路故障可靠切除。

5.3.1 集中智能与就地智能及分布智能故障处理配合概述

就地智能故障自动处理方式（如多级继电保护配合）和分布智能故障处理技术具有故障处理速度快、瞬时性故障自动恢复供电的优点，但是由于配合级数有限，只能实现粗略的故障定位和隔离，且健全区域供电恢复策略是事先整定的，不能根据负荷情况进行优化，在永久故障修复后无法执行恢复控制返回正常运行方式。

集中智能故障自动处理方式具有可实现有一定容错和自适应能力的精细故障定位，能够生成隔离策略和优化的健全区域供电恢复策略，以及可以实现返回正常运行方式的恢复控制等优点，但是其故障定位和隔离速度较慢。

集中智能故障自动处理方式与就地智能及分布智能故障自动处理方式各有优缺点，相互取长补短、协调控制，就能够表现出优秀的故障处理性能。

集中智能故障自动处理方式和就地智能及分布智能故障自动处理方式协调控制的基本原理如下：

当故障发生后，首先发挥就地智能方式故障处理速度快的优点，不需要主站参与迅速进行紧急控制，若是瞬时性故障则自动恢复到正常运行方式，若是永久性故障则自动将故障粗略隔离在一定范围。

当配电自动化系统主站将全部故障相关信息收集完成后，再发挥集中智能故障自动处理方式精细优化、容错性强和自适应性强的优点，进行故障精细定位并生成优化处理策略，将故障进一步隔离在更小范围，恢复更多负荷供电，达到更好的故障处理效果。

分布智能故障自动处理技术也可以作为集中智能与就地智能协调控制的一种补充，用于具有较多分段、继电保护难以配合、集中智能所需的"三遥"通信通道建设代价太高的分支线路，实现分支线路的故障自动处理。

集中智能和就地智能协调控制还能相互补救，当一种方式失效或部分失效时，另一种方式发挥作用获得基本的故障处理效果，从而提高配电网故障处理过程的鲁棒性。即使由于继电保护配合不合适、装置故障、开关拒动等原因严重影响了就地智能故障处理的效果，通过集中智能的优化控制仍然可以得到良好的故障处理效果；即使由于一定范围的通信障碍导致集中智能故障处理无法获得必要的故障信息而无法进行，通过就地智能的快速控制仍然可以得到粗略的故障处理结果。

集中智能与就地智能及分布智能协调控制方式下，故障隔离的优化控制以及故障恢复方案的优化选择一律由集中智能方式完成，联络开关由集中智能遥控其合闸。其他就地智能及分布智能方式的配置原则如下：

（1）优先选取继电保护配合方式。尽量实现用户（次分支）、分支和变电站出线开关三级级差配合的电流保护；若条件不具备可实现分支和变电站出线开关两级时间级差配合的电流保护；如果变电站出线开关必须配置瞬时电流速断保护，则采取时间级差部分配合模式，此时仍能实现一定的选择性。

（2）对于对供电可靠性要求比较高的、非专线供电重要用户比较密集的馈线，若架设高速光纤通道比较方便，则可以配置邻域交互快速保护方式，将故障定位和隔离功能下放，以邻域交互快速自愈方式完成。

（3）对于架空馈线或架空 - 电缆混合馈线以及可以投重合闸的电缆线路，可配置自动重合闸，以便在瞬时性故障时能够快速恢复供电。

（4）对于采用双电源供电的、对供电可靠性要求比较高的重要用户，可配置备用电源自动投入装置控制，以便在主供电源因故障而失去供电能力时快速切换到另一电源从而迅速恢复用户供电。

（5）对于具有较多分段、继电保护难以配合、集中智能所需的"三遥"通信通道建设代价太高的分支线路，可以配置不依赖通信的自动化开关配合分布智能故障自动处理技术。

5.3.2 合闸速断型馈线自动化与级差保护混合应用

主干线采用一二次融合柱上断路器，如图 5-23 所示的 FTU1、FTU2、FTU3，该模式下分段开关合闸瞬间启动速断工作方式。合闸后，开关稳定在合闸位置超过规定时间（一般整定为 1 ~ 2s），则将速断保护转为延时速断保护。如图 5-23（a）所示主干线发生永久性故障后，动作逻辑如下：

（1）QF 跳闸。

（2）主干 FTU 全部失电压后分闸，如图 5-23（b）。

（3）QF 重合闸送出。

（4）FTU1 来电合并瞬间开放速断保护。

（5）FTU2 来电合并瞬间开放速断保护，如图 5-23（c）。

（6）FTU2 合于故障，速断跳开。

（7）FTU3 残压闭锁，如图 5-23（d）。

（8）可人工或自动方式合联络开关，线路后段复电。

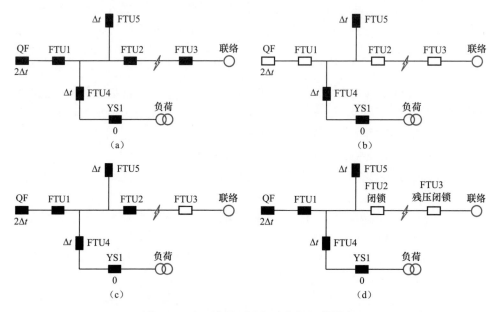

图 5-23　主干电压型合闸速断与级差配合

5.3.3　主站集中式馈线自动化与级差保护混合应用

级差保护与主站集中式馈线自动化、就地重合器式馈线自动化配合时，级差保护为主保护，一般构成变电站出线、分支首端、用户分界三级保护配合，首先由级差保护配合分别切除用户内部、支线、部分主干分段及整线，再由馈线自动化隔离故障区间及恢复非故障区间供电。

主干线采用一二次融合柱上断路器，如图 5-24 所示的 FTU1、FTU2、FTU3，投三段式电流保护，FTU1、FTU2 与变电站出口无时间级差，有电流级差配合。由于电流级差有可能有选择性跳闸，所以主干也配置为断路器，未配置负荷开关模式。末端分段 FTU3 可以按分支处理，占用一级级差。分段默认投手动或遥控合闸后加速，试送于故障不会造成越级跳闸。如图 5-24（a）所示故障发生后，动作逻辑如下：

（1）假设极端情况，QF、FTU1、FTU2 同时跳闸，如图 5-24（b）所示。

（2）QF 重合闸送出。

（3）主站判断故障点在 FTU2 与 FTU3 之间。

（4）主站合上 FTU1，恢复上游供电。

（5）主站自动（或调度员遥控）试送 FTU2，瞬时性故障则恢复正常供电。

（6）若合闸于永久故障，遥控合闸后加速跳开 FTU2（QF 有重合闸后加速，则应躲其过加速时间），如图 5-24（c）所示。

（7）主站拉开 FTU3，隔离故障区间。

（8）主站自动或人工遥控联络开关，恢复下游供电，如图 5-24（d）所示。

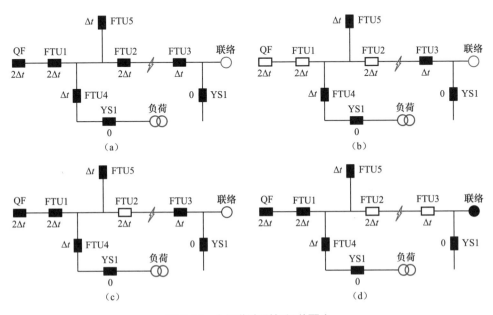

图 5-24　主干集中型与级差配合

针对变电站出线开关配置速断保护、0s 跳闸、投一次重合闸、配电网无变电站出口遥控权的情况，主站集中式馈线自动化可改进为：安装 1 号杆开关，投重合闸，躲过变电站出线开关充电时间。分段开关、分支开关投重合闸，分界开关不投重合闸。逻辑如下：

（1）FTU2 与 FTU3 之间发生短路故障，如图 5-25（a）所示。

（2）变电站出线开关、1 号杆 FTU 及 FTU2 跳闸，如图 5-25（b）所示。

（3）QF 重合闸送出。

（4）1 号杆开关来电重合时间躲过变电站出线开关重合闸充电时间，重合闸送出。

（5）FTU2 重合，合于瞬时故障，全线恢复供电。

（6）合于永久故障，QF、1 号杆 FTU、FTU2 再次跳闸。

（7）由于已躲过 QF 充电时间，QF 重合闸送出，1 号杆 FTU 未充电闭锁重合闸，如图 5-25（c）所示。

（8）主站集中式馈线自动化遥控 1 号杆 FTU 合闸，遥控 FTU3 分闸，遥控联络开关合闸，恢复非故障区域送电，如图 5-25（d）所示。

（9）分支、分界故障处理方式同主干故障，由主站自动控合无选择跳闸开关，主站自动或人工恢复非故障区域送电。

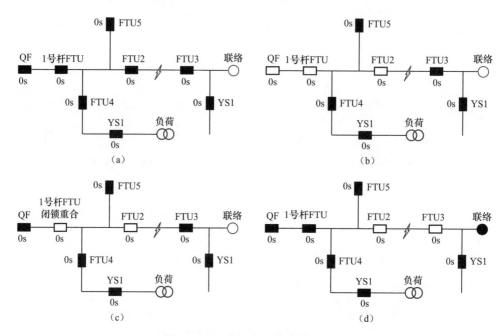

图 5-25　针对出口 0s 的改进集中型

5.3.4　重合闸后加速与级差保护混合应用

主干采用一二次融合柱上断路器，如图 5-26 所示的 FTU1、FTU2、FTU3，投三段式电流保护，FTU1、FTU2、FTU3 与变电站出线开关无时间级差，有电流级差配合。末端分段 FTU4 可以占用一级级差（按分支处理）。FTU1 ～ FTU4 投重合闸及过电流后加速功能，重合闸加速时间小于来电重合时间。如图 5-26（a）所示 FTU2 与 FTU3 之间发生短路故障，动作逻辑如下：

（1）假设极端情况，QF、FTU1、FTU2 同时跳闸，如图 5-26（b）所示。

（2）QF 重合闸送出。

（3）FTU1 重合闸送出。

（4）FTU2 重合，如果为瞬时故障，全线恢复送电。

（5）FTU2 重合于永久故障，后加速跳开，不会造成越级（躲过上级重合闸加速时间）。至此，前端已恢复供电，如图 5-26（c）所示。

（6）末端采用集中型或人工遥控复电即可，如图 5-26（d）所示。

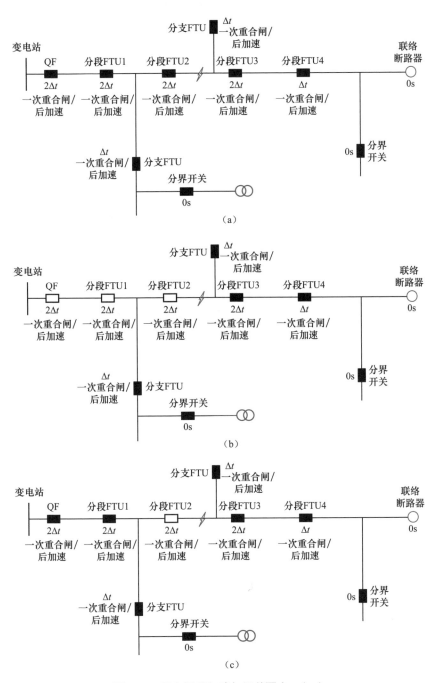

图 5-26 重合闸后加速与级差配合 （一）

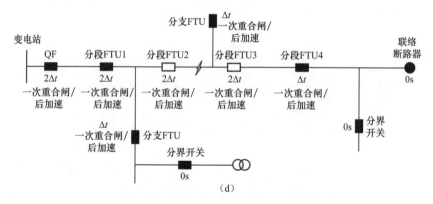

图 5-26　重合闸后加速与级差配合　（二）

5.3.5　智能分布式馈线自动化与级差保护混合应用

级差保护与智能分布式馈线自动化配合时，对于缓动型智能分布式馈线自动化，考虑到站内速断延时不足，不宜混合应用；对于速动型智能分布式馈线自动化，智能分布式为主保护，级差保护为后备保护。

该模式下主保护为智能分布式馈线自动化，级差保护作为智能分布式馈线自动化失效后的后备保护，实现部分主干线环出线路和用户馈出线故障的快速隔离，级差保护的启用级数和位置与变电站出线断路器配合：

（1）当变电站出线断路器时间为 0.3s 时，考虑在主干线中间分段开关位置启用级差保护，时间与分布式馈线自动化动作时间配合，级差保护与智能分布式馈线自动化整定配合见图 5-27。

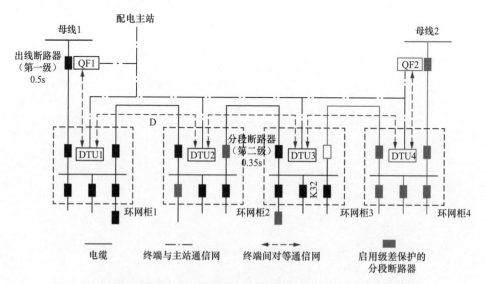

图 5-27　级差保护与智能分布式馈线自动化整定配合示意图　（三级级差）

（2）当变电站出线断路器时间为 0.5s 时，考虑出线断路器＋分段／分支开关＋分界开关的级差保护，级差保护末级时间与分布式馈线自动化动作时间配合。

智能分布式终端改进建议：各出线间隔配置级差，选择速断跳闸，主干采用智能分布式跳闸。

5.3.6　电缆单环网集中式馈线自动化与级差保护混合应用

1. 电缆线路终端位置、投入方式和级差配置

采用一二次融合环网箱，环进环出开关配置为负荷开关，出线开关配置为断路器。必要的分段位置，环出可定制为断路器。如图 5-28 所示环网箱断路器投三段式电流保护，变电站出口一级级差，分段一级级差，出线一级级差。出线带公用线路的可与分段同一级级差，线路上各用户一级级差。时间级差配合的同时，有电流级差配合。环进环出各负荷开关投入过电流告警，用于定位故障区段。出线故障速断跳闸，公用线路出线开关延时跳。

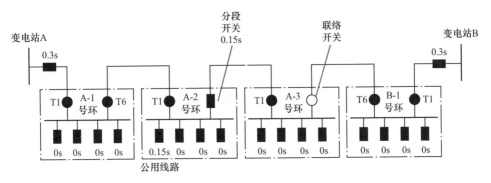

图 5-28　电缆单环网级差保护与集中型自动化配合

（1）主干线路故障时，如果分段开关与 A-3 号环 T1 间发生短路故障，动作逻辑如下：

1）分段开关跳闸。

2）主站自动或手动拉开 A-3 号环 T1 开关。

3）主站自动或手动合上联络开关，恢复末端供电。

（2）主干线路故障时，如果 A-1 号环 T6 与 A-2 号环 T1 间发生短路故障，动作逻辑如下：

1）变电站出线开关跳开。

2）主站依据过电流告警信息，拉开 A-1 号环 T6 与 A-2 号环 T1 开关。

3）变电站出线开关合闸（短路电流水平和电缆性能允许，可投长时限重合闸，等待主站隔离故障区间），恢复前端供电。

4）主站自动或手动合上联络开关，恢复末端供电。

2. 改进方案

鉴于大多电缆线路，变电站出口不投重合闸。另外，配电网无变电站出口开关遥控权的情况，改进方案如下：

电源侧首开关配置为断路器，其他环进环出开关配置为负荷开关，出线开关配置为断路器。

变电站出口后的配电网首开关安排一级时间级差、出线一级时间级差，实现三级时间级差，分别为变电站出口、配电网首开关、环网箱出线。

各环网箱出线故障，0s隔离。变电站至配电网首开关故障，变电站跳闸。主干故障先跳配电网首开关，待集中式馈线自动化处理故障完毕后，根据需要主站自动合配电网首开关，具体如图5-29所示。

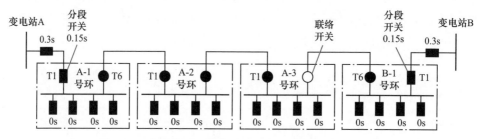

图 5-29　电缆单环网级差保护与集中型自动化配合改进

5.3.7　接地级差保护与集中式馈线自动化复电

1. 暂态接地保护级差配置

（1）出线开关与线路分段开关、分支开关、分界开关配置暂态原理小电流接地故障方向保护。

（2）分界开关配置零序保护和暂态方向保护，或仅配置一种接地保护。

（3）通过阶梯式动作时限配合，实现有选择性的动作，就近隔离故障。

（4）对于只有一个联络电源的架空线路，通过联络开关合闸恢复故障点下游非故障区段的供电。

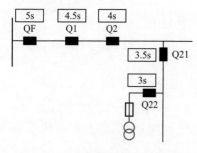

图 5-30　架空线路接地方向保护配置与整定

2. 架空线路接地方向保护配置与整定

变电站出线开关、线路、分段开关、分支开关、分界开关部署暂态接地方向保护。检测到接地故障方向为正时保护启动，通过阶梯式时间配合就近切除接地故障。保护动作时限整定原则：最末级保护动作时限不小于2s，时间级差至少0.5s。架空线路接地方向保护配置与整定如图5-30所示。

3. 多级接地方向保护动作过程示例

如图 5-31 所示，动作过程如下：

（1）k1 点故障：分界开关 Q22 在 3s 后跳闸。

（2）k2 点故障：分支开关 Q21 在 3.5s 后跳闸。

（3）k3 点故障：分段开关 Q1 在 4.5s 后跳闸。

（4）k4 点故障：变电站出线开关 QF 在 5s 后跳闸。

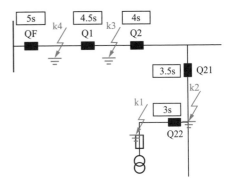

图 5-31　多级接地方向保护动作过程示例

4. 架空线路故障点下游线路区段恢复供电方案

与短路故障类似，此处不再赘述。

5. 多级接地方向保护对柱上开关的要求

（1）采用断路器或负荷开关。

（2）动作时间小于 60ms。

（3）配置三相低功耗电流互感器、低功耗零序电流互感器。

（4）一侧（一般是靠近母线的电源侧）安装取电电压互感器。

（5）另一侧安装三相电压传感器（内置或外置），用于测量相电压与零序电压。

（6）一体化开关一般都内置了电流互感器。

（7）有的开关内置了三相电压传感器。

（8）安全起见，推荐使用外置电压传感器。

接地方向保护柱上开关配置如图 5-32 所示。

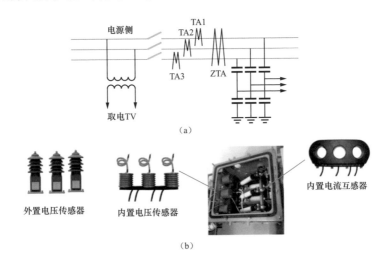

图 5-32　接地方向保护柱上开关配置

（a）原理图；（b）实物图

6. 电缆线路接地方向保护配置与整定

（1）环网柜进线开关、出线开关、分界开关配置暂态接地方向保护，检测到接地故障方向为正时保护启动，通过阶梯式时间配合就近切除接地故障。

（2）保护动作时限整定原则：最末级保护动作时限不小于 2s，时间级差 0.5s。

（3）故障点下游非故障区段的恢复供电，由集中式馈线自动化完成。

（4）需在环网柜母线处安装零序电压传感器或三相五柱式电压互感器。

7. 电缆线路接地方向保护动作情况

电缆接地方向保护配置如图 5-33 所示，动作如下：

（1）k1 点故障：分界开关 Q24 在 3s 后跳闸。

（2）k2 点故障：出线开关 QL13 在 3.5s 后跳闸。

（3）k3 点故障：进线开关 QL21 在 5s 后跳闸。

（4）k4 点故障：进线开关 QL12 在 5.5s 后跳闸。

（5）k5 点故障：进线开关 QL11 在 6s 后跳闸。

（6）k6 点故障：变电站出线开关 QF 在 6.5s 后跳闸。

（7）k4 ～ k6 点故障时，故障点下游非故障区段的恢复供电由集中式馈线自动化完成。

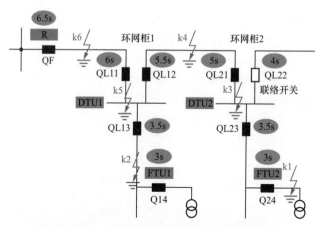

图 5-33　电缆线路接地方向保护配置

联络线路的故障点下游恢复供电，可采用集中式馈线自动化恢复供电。主站需考虑联络线路及备用容量情况。

5.3.8　分布式电源接入下的故障处理及复电

1. 分布式电源对集中智能故障自动处理的影响

相比继电保护，集中智能故障自动处理技术不存在依靠定值实现多级配合问题，因此更加容易应对分布式电源带来的影响。

　　当然，应对分布式电源对继电保护的影响的各种措施和应对分布式电源对重合闸策略的影响的各种措施也仍然适用于集中智能故障自动处理技术。

　　IEEE 1547:2018《分布式能源与电力系统相关接口的互联互通要求》（*Standard for Interconnection and Interoperability of Distributed Energy Resources with Associated Electric Power Systems Interfaces*）、UL 1741:2021《与分布式能源一起使用的安全逆变器、转换器、控制器和互连系统设备的 UL 标准》（*UL Standard for Safety Inverters, Converters, Controllers and Interconnection System Equipment for Use With Distributed Energy Resources*），以及 GB/T 33593——2017《分布式电源并网技术要求》对分布式电源在电网电压异常时的响应特性均做出了明确要求，综合国内外标准，一旦并网点电压低于 0.85（标幺值），分布式电源都应该在 2s 内从电网切出。利用分布式电源脱网特性与重合闸的配合来消除短路电流中分布式电源影响的改进集中智能故障处理策略可以应对更大容量分布式电源接入。

　　2. 改进的故障处理策略

　　（1）馈线开关采用负荷开关，只有变电站出线断路器具备过电流保护和一次快速重合闸功能，重合闸延时时间为 2.5 ～ 3s。

　　（2）故障发生后，变电站出线断路器过电流保护动作跳闸。

　　（3）2s 后，该馈线上的分布式电源全部从电网脱离。

　　（4）变电站出线断路器跳闸后经 2.5 ～ 3s 延时进行重合，若是瞬时性故障则恢复全馈线供电，分布式电源逐步并入电网；若是永久性故障，则变电站出线断路器再次跳闸，此时配电自动化系统二次采集到的故障信息就排除了分布式电源的影响，可以根据短路电流依靠传统故障定位规则进行正确的故障定位。

6 馈线自动化功能测试

6.1 概　　述

馈线自动化功能作为一个系统性功能，涉及配电自动化系统的各个环节，包括配电开关、终端、通信、主站系统等，任何一个环节出现问题（如站点停运、触点抖动、开关误动作、保护失效等），不仅影响应用效果，甚至还会导致设备误动、故障无法及时检测及切除、馈线自动化无法启动等事故发生，从而导致事故影响范围扩大，降低电网运行安全及用户供电可靠性。因此，馈线自动化功能必须在工程应用投运前经过严格的检测及调试流程，确保设备及系统功能、性能和可靠性要求，从而保障馈线自动化功能的高质量建设和安全可靠运行。

馈线自动化功能分为多种类型，不同类型涉及的设备及功能也各不相同。在工程应用前，为保证馈线自动化功能的正确可靠运行，其各环节各类型设备均应制定详细的检测计划，明确各环节的检测流程。馈线自动化作为配电自动化系统的核心功能，其检测和功能测试工作的开展规范性、标准性还在逐步完善中，其特点主要包括以下几点：①检测内容多。需开展各类终端设备检测，包括型式试验、出厂验收、抽检、全检等，主要用于保障配电终端设备功能完备、质量可靠，该检测工作主要是各设备厂家、电科院等单位开展。②开展系统性功能测试工作难度大。因配电网设备数量众多、涉及专业面广，目前配电网的高压设备、终端、通信设备等集成度不断提高，其系统性功能测试难度在不断提高，对测试人员的技术水平要求也不断提高。在投运前开展系统性功能测试主要是供电公司基于电网运行安全等角度组织开展。

检测的主要内容：各类配电终端设备检测、馈线自动化逻辑配合系统性功能检测、配电自动化主站系统检测、配电网通信装置检测等，检测工作涉及配电自动化系统的各个环节，涵盖的设备种类及检测内容极多，对检测技术人员的知识面和技术水平要求较高。

（1）为把握配电终端设备质量，检测工作分为型式检验、专业检测、出厂验收、传动试验等部分。

配电终端型式试验是根据产品标准，由质量技术监督部门或检验机构对新产品或老产品恢复生产以及设计和工艺有重大改进时所进行的检测，是认证产品是否符合产品标准、是否允许产品投放市场、是否能够满足稳定运行的最低要求的重要依据。主要对终端的基本功能和相关配套电源、电流互感器、电压互感器及二次回路进行试验，包括外观部分、机械部分、绝缘电阻测试、装置电源试验、通电检验、通信及维护功能试验、开关量输入检验、交流采样检验、保护定值检验、遥控操作试验、TA 特性试验、就地型馈线自动化功能测试、产品运行稳定性检验、规约一致性检验等试验项目，其中二次回路的相关校验要结合高压设备开展，确保整个二次回路的正确性。

配电终端设备的专业检测是根据需要，对已投运配电终端长期运行后的安全性、可靠性和实时性等质量指标进行的有针对性的实验室试验检测。可以评价被测样本所处的生命周期阶段，优选最有利于配电网健康运行的产品，培育最有能力服务配电网建设的厂商。检测内容主要涉及外观与结构检查、接口检查、主要功能试验、基本性能试验、录波性能试验、遥信防抖试验、对时试验、绝缘性能试验、冲击电压试验、功耗试验、电源试验、高低温性能试验、静电放电抗扰度试验、浪涌（冲击）抗扰度试验、电快速瞬变脉冲群抗扰度试验等重点检测项目，以评估设备质量。

配电设备的出厂验收工作是对设备质量是否达标进行验证，对设备厂商的生产保障能力进行综合评估。出厂验收包括质量保证体系审查、生产能力评估、合规性检测等。

配电终端的传动试验是在系统功能相应配置结束后，在仓库集中进行，并在投运前，在安装现场对相关信息再次进行功能确认，传动包括信息核对、"三遥"点表数据传动、保护功能传动、信息验证等，以确保终端设备的功能完好、系统和现场设备对应的准确性。

（2）涉及馈线自动化的系统性功能检测。就地型馈线自动化类型不需要通信和主站的参与即可就地完成故障的定位隔离与恢复非故障区域的供电，其多个配电终端之间配合逻辑的联调需在终端检测工作之后，搭建可以同时对多台设备加量的测试平台，开展馈线自动化系统性功能联调。集中式馈线自动化、智能分布式馈线自动化这两种类型，需要主站或通信设备接入并发挥逻辑判断功能，在完成配电终端设备的检测之后，需开展涉及主站、通信通道、终端在内的系统级功能联调。

（3）配电自动化通信通道按照所采用的技术的不同需开展的试验项目也有所不同，目前主要的通信通道是光纤网络和无线通信网络，光纤网络铺设完成后，应用光功率计及光时域反射仪对终端接入点的光功率及整个光路的情况进行测试。无线设备接入前，还应用无线信号分析仪对设备接入点的无线信号强度进行测试。

通信网络完成测试后，配电终端设备接入配电自动化系统主站，现场设备接入前还应进行复核性传动试验，试验主要包括远方的遥控操作、电流互感器二次回路通流试验、实际设备间隔编号与主站图模编号核对等。在完成复核性试验后即可对设备送电试运行，在设备送电后还应使用钳形相位表对二次电流、电压回路的幅值、相位进行校验，避免出现接触不良、电流互感器极性安装错误等情况。

 ## 6.2 主站馈线自动化功能测试

6.2.1 主站测试方法

针对主站功能测试需求，测试方式主要有两种，即人工测试和系统测试。人工测试是在测试时由技术人员干涉进行系统功能正确性的检查和核对；系统测试是采用辅助测试工具对主站功能测试项的正确性进行检测。

目前，大部分主站功能测试手段主要依靠人工测试，按照检测相关要求，逐条对系统性能进行检查和核对，总结系统软件和应用软件配置的完整性和性能的正确性。系统测试对于配电主站不同的功能要求具备不同的测试手段和不同的技术指标，因此测试软件工具的开发建设难度较大，并无通用统一的测试工具。

配电自动化系统主站在建设过程中的检测包括主站的功能测试、性能测试、稳定性测试和安全性测试等。馈线自动化功能作为主站的一个功能模块，在主站建设过程中主要采用人工测试的方法，针对每条性能指标要求做检查和核对，验证其功能配置的完整性、性能的准确性、运行的稳定性。

配电自动化系统主站在实际投运之后，一般情况下处于稳定运行状态，但配电线路经常更换设备、断接引或切改，配电终端数据逐步接入配电主站后，馈线自动化功能才能按照馈线逐条投入，其单条馈线的馈线自动化功能投入和设备异动等都需要开展功能测试，实现馈线自动化的实用化应用。

集中式馈线自动化本身是一个十分复杂的内容，涉及配电终端、通信系统、主站功能等环节，其功能实现主要依靠配电自动化主站的馈线自动化功能。为了充分验证主站的馈线自动化功能在没有实际运行数据的情况下，可以正确定位、隔离故障并提供合理的转带方案，除人工测试外，还可采用主站注入法进行典型故障测试，对馈线自动化功能进行正确性和稳定性的测试，以确保在随着现场实际建设而出现的图形拓扑变化、终端布局更改等情况下，馈线自动化功能仍然可以持续地满足实用化的要求。

主站注入测试平台是国网陕西省电力有限公司电力科学研究院刘健教授团队开发的，可以模拟配电网中的各种故障现象并对主站的故障处理性能进行测试，可广泛用于主站系统的工厂验收、现场验收和实用化验收中。该工具针对不同配电网典型拓扑结构给定测试网架，模拟系统典型故障现象，测试配电主站的故障处理性能，给出系统馈线故障处理能力评价和改进方向。

6.2.2　主站馈线自动化测试内容

配电自动化主站系统在投运前需进行专业检测、出厂验收、实用化验收等流程。在系统运行过程中配电线路投入馈线自动化功能时需配合配电终端的现场测试做功能联调，并在主站侧利用系统本身的仿真模拟功能开展馈线自动化功能验证，以确保主站在电网运行时能够正确可靠地执行馈线自动化动作逻辑，提高电网的供电可靠性。

依据《配电自动化系统主站入网专业检测方案》（国家电网公司 2017 年 6 号文）的相关技术标准和功能规范要求，介绍配电自动化主站系统馈线自动化功能专业检测内容。具体内容见表 6-1。

表 6-1　　　　配电自动化主站系统馈线自动化功能专业检测内容

测试项目	测试内容	测试方法
故障处理功能配置与投退	（1）以单条馈线或馈线联络组为单元，可以根据现场实际条件合理选择故障处理方式：不启动、就地处理、自动定位、自动隔离、自动隔离与恢复； （2）以单条馈线或馈线联络组为单元，可以根据现场实际条件进行馈线自动化投退管理； （3）故障处理及恢复功能，可以根据现场实际条件选择人工或特定条件下自动退出或投入功能	检查主站馈线自动化功能模块是否具备以目标功能为对象的功能配置及投退功能
故障处理功能要求	（1）支持各种拓扑结构的故障分析，电网的运行方式发生改变对馈线自动化的处理不会造成影响； （2）能够根据故障信号快速自动定位故障区段，并调出相应图形以醒目方式（如特殊的颜色或闪烁）显示； （3）根据故障定位结果确定隔离方案，故障隔离方案可自动执行或者经调度员确认执行；	（1）利用系统人机界面提供的菜单和对话框合理设置馈线故障处理需要的各种参数； （2）选择两条馈线与配电自动化终端配合进行馈线自动化功能测试，其余的利用主站端的仿真程序进行测试； （3）验证在配电自动化终端与厂站从站（RTU）上报故障检测信号或保护信息、开关变位信息的情况下，主站能够准确进行故障的定位，并形成正确的隔离、恢复方案；

测试项目	测试内容	测试方法
故障处理功能要求	（4）在具备多个备用电源的情况下，能根据各个电源点的负载能力，对恢复区域进行拆分恢复供电； （5）事故处理结束后，能给出恢复到事故发生前该馈线运行方式的操作策略； （6）支持含分布式电源的故障处理； （7）支持并发处理多个故障； （8）支持信息不健全情况下的容错故障处理	（4）在给出故障定位信息后，观察故障馈线的动态着色情况，验证可以特殊显示故障区段； （5）全自动模式下，如存在多种恢复方案，会自动选择馈线负荷最低进行转供操作； （6）在隔离方案中如果存在无法遥控的开关，则给出提示信息； （7）在下游恢复方案中，如果联络开关连接的馈线出线开关挂保电牌，则不进行失电区域供电恢复，程序给出相关提示信息
故障处理安全约束	（1）可自动设计非故障区域的恢复供电方案，避免恢复过程导致其他线路、主站变压器等设备过负荷； （2）可灵活设置故障处理闭锁条件，避免保护调试、设备检修等人为操作的影响； （3）故障处理过程中应具备必要的安全闭锁措施（如通信故障闭锁、设备状态异常闭锁等），保证故障处理过程不受其他操作干扰	（1）当转供电路当前电流加上故障区域故障前电流大于转供线路额定电流时，会给出甩负荷转供方案； （2）把某馈线组设置为闭锁模式，当此馈线组上送故障信号时，不会发动馈线自动化计算； （3）当隔离开关处于通信中断时，隔离方案中会有隔离开关执行失败，会执行扩控计算，生成扩控方案
故障处理控制方式	（1）对于馈线配置了故障自动定位功能，馈线开关不具备遥控条件的，系统应可通过采集遥测、遥信数据和馈线拓扑分析，自动判定故障区段，并给出故障隔离和非故障区域的恢复方案，通过人工接入的方式进行故障处理，缩短故障查找时间； （2）对于馈线开关具备三遥条件的，如该馈线只配置了故障自动定位功能，系统也应给出故障隔离和非故障区域恢复方案，调度员可以选择逐个或批量遥控方式进行相应操作，加快故障处理速度； （3）当馈线配置了就地型故障处理功能时，主站端故障处理功能应可实现与就地处理功能的配合	分别按手动、半自动、全自动方式进行馈线自动化功能测试，验证不同方式，馈线自动化功能都能正确执行。 在馈线为就地故障处理时，主站应能够正确显示就地处理结果
故障处理反演与信息查询	（1）故障处理的全部过程信息应保存在历史数据库中，以备故障分析时使用； （2）可按故障发生时间、发生的变电站、馈线、受影响客户等方式对故障信息进行检索和统计；	（1）故障处理对话框中应可以按照馈线对故障检测信息进行过滤显示，并可以显示所有可能的恢复方案； （2）馈线故障处理过程中的所有信息都能够保存到历史数据库的日志中，并可以使用日志查看器进行查询；

测试项目	测试内容	测试方法
故障处理反演与信息查询	（3）应能按故障处理过程继续事故反演，利用主站记录的动作信息、线路遥测和遥信信息、系统判断结论、遥控输出与执行后各断路器和负荷开关变位信息，以图示和信息提示方式，顺序复现故障前、故障中、故障后的动作全过程； （4）应能提供故障前和主站故障信息收集完毕后的数据断面，断面信息应包括保护装置信号状态、线路断路器及负荷开关动作状态、动作时间等； （5）反演过程中能够提供故障判断及处理的相关依据，如故障信号，控制输出和执行动作情况等； （6）故障处理信息中应针对每一项故障处理给出综述性的处理结论，支持输出事故处理过程报告	（3）故障处理反演功能应能够在系统上正确完整地演示并可查看故障处理结论和处理过程报告

6.3　配电自动化终端的馈线自动化测试

配电自动化终端经过型式试验、入网检测试验、出厂例行试验，能够对配电自动化终端的电磁兼容性能、高低温性能、湿热性能等相关性能进行验证，同时也能够对通信规约的兼容性进行测试。在配电自动化终端设备发货到供电公司后，重点对配电自动化终端与一次设备、通信设备的接口，保护定值、IP 地址等相关配置参数开展测试，并核对配电自动化系统主站信息点表正确性。

6.3.1　一般测试

配电自动化终端设备的馈线自动化功能检测需在终端完成一般测试内容的基础上做对应的馈线自动化功能检测，一般测试内容主要包括外观部分及机械部分检查、绝缘检测、装置电源试验、通电检验等。具体要求见表 6-2。

表 6-2　　　　　　　　　一　般　测　试　内　容

序号	测试项目	测试内容	测试方法
1	外观部分及机械部分检查	基本资料。检查配电自动化终端装置铭牌和出厂资料、合格证、出厂检验报告项目内容是否齐全，装置型号、装置配置、额定参数是否与设计相同，装置内部配线是否与图纸一致	检查送检样品是否符合以上要求，不符合的进行记录

序号	测试项目	测试内容	测试方法
1	外观部分及机械部分检查	外观检查。目测检查配电自动化终端有无明显的凹凸痕、划伤、裂缝和毛刺,镀层有无脱落,标牌文字、符号是否清晰、耐久;检查配电自动化终端装置各部件是否固定良好,有无松动现象,装置外形是否端正,有无明显损坏及变形	检查送检样品是否符合以上要求,不符合的进行记录
		保护接地。目测检查配电自动化终端是否具有独立的保护接地端子,并与外壳牢固连接。接地螺栓的直径是否满足相关要求	检查送检样品是否符合以上要求,不符合的进行记录
		插件检查。检查终端插件上所有元器件的外观质量、焊接质量是否良好,所有芯片是否插紧,芯片位置放置是否正确。各插件是否插拔灵活,各插件和插座之间是否定位良好,插入深度是否合适	检查送检样品是否符合以上要求,不符合的进行记录
		二次端子排检查。检查配电自动化终端装置的二次接线端子排或者航空插头,有无松动情况。二次柜内、端子排的接地端子的接地线连接是否牢固,与接地网接触是否牢靠,确认装置是否可靠安全接地。端子排、线号标识及二次柜内各器件标号是否清晰正确,并与图纸一致	检查送检样品是否符合以上要求,不符合的进行记录
		TA/TV回路检查。检查终端二次电流回路电阻值,确保TA回路不能开路,TV回路不能短路	检查送检样品是否符合以上要求,不符合的进行记录
		人机接口检查。转换开关、连接片、按钮、键盘等相应操作是否灵活	检查送检样品是否符合以上要求,不符合的进行记录
		卫生状况检查。检查各部件是否清洁、干净	检查送检样品是否符合以上要求,不符合的进行记录
2	绝缘检测	检查终端所有开入回路、开出回路、交流输入回路及电源回路对地绝缘,以及各个无电气连接的回路之间的绝缘,绝缘电阻是否满足相关要求	选用合适量程的绝缘电阻表测量回路电阻,需满足相关规程规定
3	装置电源试验	装置电源的自启动性能试验。直流电源缓慢上升时的自启动性能检查。合上配电自动化终端装置电源插件上的电源开关,此时装置能否正常工作(液晶显示是否正常,CPU插件运行灯是否正常)	合上装置电源,观察装置运行状态

序号	测试项目	测试内容	测试方法
3	装置电源试验	电源模块及后备电源试验。在配电自动化终端工作正常的情况下，将供电电源断开，其备用储能装置应自动投入，采用蓄电池储能的配电自动化终端在4h内应能正常工作和通信，模拟主站或者配电自动化系统主站分别发送一组遥控分闸、合闸命令，配电自动化终端能否正确控制开关动作。通过模拟欠压、电源模式切换等操作，检查是否有对应状态指示灯及告警信号输出	（1）断开供电电源，检查是否能够自动投入备用电源； （2）主站发遥控命令，检查终端是否能够正确控制开关动作； （3）模拟欠压、电源模式切换等操作，检查是否有对应状态指示灯及告警信号输出
		直流拉合试验。合上电源开关，在电流、电压回路加上额定的电流电压值，配电自动化终端装置上有无告警信号，在拉合直流电源的过程中，有无配电自动化终端误动作及跳闸出口信号	拉合电源开关，观察终端状态
4	通电检验	键盘和显示板检查。在配电自动化装置正常工作状态下，检验装置按键的功能是否正确，接触是否良好。面板显示是否正确清晰，液晶屏有无划痕、花屏等异常	检查送检样品是否符合以上要求，不符合的进行记录
		软件版本和程序校验码检查。核对配电自动化终端装置的软件版本号和校验码，检查版本号和校验码是否正确，型号相同的装置软件版本是否相同，并记录下软件版本和程序校验码	检查送检样品是否符合以上要求，不符合的进行记录
5	通信及维护功能试验	通信功能试验。 时间整定：进入时钟整定菜单，整定年、月、日、时、分、秒，观察时钟是否正确。 主站校时：配电自动化系统主站或模拟主站发校时命令，配电自动化终端显示的时钟是否与主站时钟一致。检验装置时钟能否自动与标准时钟对应一致。主站发召唤遥信、遥测和遥控命令后，配电自动化终端能否正确响应，主站是否显示遥信状态，召测到遥测数据，配电自动化终端能否正确执行遥控操作	（1）对终端时间进行整定，观察时钟应正确； （2）主站发校时命令，终端时钟应与主站时钟一致； （3）主站发送的"三遥"命令，终端应能正确响应或动作
		信息点表核对。根据信息点表设计要求，对配电自动化终端和配电自动化系统主站之间遥信、遥控、遥测的信息点进行一一核对，是否一致正确	根据点表内容，一一核对主站与终端之间信息的正确性

序号	测试项目	测试内容	测试方法
5	通信及维护功能试验	维护功能试验。 （1）当地参数设置：配电自动化终端能否当地设置限值、整定值等参数； （2）远方参数设置：主站通过通信设备向配电自动化终端发限值、整定值等参数后，配电自动化终端的限值、整定值等参数是否与主站设置值一致； （3）远程程序下载：主站通过通信将最新版本程序下发，配电自动化终端程序的版本是否与新版本一致	参照测试内容要求做功能检查
6	与上级站通信正确性试验	被测设备的输入、输出口连接外部信号源、模拟器等试验仪器设备，通过通信设备将终端与模拟主站相连。通电后，模拟主站能否正确显示遥信状态、召测的遥测数据。模拟主站发送遥控命令，终端能否正确执行，控制执行指示器显示是否正确	主站与终端的"三遥"数据应一一对应，不符合的应进行记录并整改
7	信息响应时间试验	（1）在状态信号模拟器上拨动任何一路试验开关，在模拟主站上应观察到对应的遥信位变化，记录从模拟开关动作到遥信位变化的时间，响应时间应不大于1s； （2）在工频交流电量输入回路施加一个阶跃信号为较高额定值的0%～90%，或额定值的10%～100%，模拟主站能否显示对应的数值变化，记录从施加阶跃信号到数值变化的时间，响应时间应不大于1s	检查终端与主站之间的信息响应时间是否符合以上要求，不符合的进行记录
8	开关量输入检验	模拟开关量开入或以实际操作开关形式，对所有开关分/合闸、隔离开关、接地开关、开关储能、气压异常、远方/就地等开关量输入进行试验，主站显示的开关量状态变化应与现场实际一致。同时，核对遥信变位和SOE的时间差是否满足要求	检查终端与主站的开关量状态变化是否与现场实际一致，同时，核对遥信变位和SOE的时间差是否满足要求
9	交流采样检查试验	交流电压电流采样试验。使用测试仪对终端依次输入额定电压的60%、80%、100%、120%和额定电流的5%、20%、40%、60%、80%、100%、120%及0，观察终端装置和主站显示测量值。电流采样值误差应不大于0.5%，电压采样值误差应不大于0.5%	对终端按照要求逐次加量，检查终端与主站显示数据是否满足以上要求，不满足的进行记录
		有功功率、无功功率基本误差试验。调节继电保护测试仪的输出，保持输入电压为额定值，频率为50Hz，改变输入电流为额定值的5%、20%、40%、60%、80%、100%，要求有功功率、无功功率基本误差不大于1%	对终端按照要求逐次加量，检查终端与主站显示数据是否满足以上要求，不满足的进行记录

序号	测试项目	测试内容	测试方法
10	装置电压电流过量试验	输入 10 倍额定电流，施加 5 次，施加时间为 1s，要求误差不大于 5%，输入 20 倍额定电流 1s 内终端能够正常工作。输入 2 倍额定电压，施加 5 次，施加时间为 1s，要求终端能够正常工作	对终端按照要求逐次加量，检查终端是否能够正常工作
11	保护定值检测	定值核查。按保护定值单输入定值，检查终端定值项目、定义、内容是否与正式定值单一致	检查终端保护定值项目、定义、内容与正式定值单一致
		定值整定误差试验。对于过电流保护和过负荷保护，要求 1.05 倍定值可靠动作，0.95 倍定值可靠不动作。对于配置保护出口的断路器，需带一次开关进行试验，要求可靠跳闸输出；对于配置保护告警功能的负荷开关，需带一次开关进行试验，要求可靠不输出跳闸，仅发送告警信号	对终端按照要求逐次加量，检查终端是否符合上述要求，不符合的做好记录并要求整改
		保护动作时间检测。在 1.2 倍整定值下进行测试，对于分支线开关需要测试带开关动作出口的整体时间；对于干线开关仅需检测到故障后不跳闸输出。保护出口动作时间，应与时间定值保持一致，瞬时出口保护动作时间应满足装置技术指标要求	对终端按照要求逐次加量，检查终端是否符合上述要求，不符合的做好记录并要求整改
12	遥控操作试验	遥控闭锁试验。就地状态，遥控进行闭锁状态，遥控操作失效；远方状态，遥控正常；投入遥控软压板，遥控功能正常，退出遥控软压板，遥控操作失效	对终端的遥控功能做逐个验证，远方 / 就地把手、软压板等投入 / 退出时，检查遥控功能是否有效
		开出传动检验。遥控操作方式，检查装置相应的继电器触点是否正确动作，一次设备动作情况是否正确，并观察装置液晶显示及面板上的信号灯指示是否正确，每间隔开关还需要模拟馈线失电情况，用后备电源系统模拟一次分 / 合操作	遥控开关，检查终端相关继电器触点、一次设备、信号灯等应正确响应并动作，不符合要求的应做好记录
		远方电池活化。遥控操作方式，进行远方蓄电池活化，检查电源模块电池活化的指示状态是否正确	采用遥控操作方式，对蓄电池进行活化，检查电池模块是否能够正确动作并正确显示状态
		远方复位装置。遥控操作方式，对终端进行远方复位操作，检查终端设备是否正常复位，复位后工作是否正常	按照以上要求通过遥控操作方式进行功能检查，不符合要求的做好记录

序号	测试项目	测试内容	测试方法
12	遥控操作试验	安全防护调试： （1）终端密钥配置。从主站密码机获取主站的公钥，然后分别将公钥配置到终端中，终端能够正常进行配置。 （2）主站对终端进行密钥验证。在主站和终端建立连接后，选择一套密钥，由主站发起公钥验证操作，测试公钥验证功能是否正常响应，执行并上送确认信息至主站。以此方法对其他密钥进行公钥验证测试，检验终端是否依次验证成功。 （3）主站对终端执行加密遥控。公钥验证通过之后，选择一套密钥，由主站发起遥控选择、遥控执行命令，测试遥控命令执行是否正常。依次对其他公钥进行遥控功能测试。检验终端是否正确执行。 （4）主站对终端进行密钥更新及更新验证。在遥控功能测试通过之后，选择在一套密钥的保护下，主站对终端发起其他密钥的更新操作，然后主站选择更新的密钥执行密钥验证及遥控操作，以确认密钥是否更新成功。以此相同方法对其他各套密钥都加以更新及更新验证试验。 （5）配电自动化系统控制指令冗余性测试。冗余性测试主要测试终端设备对非正确报文的接收能力，终端应能识别非正确报文，并回复响应的报文给配电自动化系统主站进行识别修复	按照以上要求做安全防护调试，检查相关功能是否能够正确执行并成功验证，不符合要求的做好记录
13	电流互感器试验	伏安特性试验。试验时，TA 一次侧开路，从 TA 本体二次侧施加电压，可预先选取几个电流点，逐点读取相应电压值。通过的电流或电压以不超过制造厂技术条件的规定为准。当电压稍微增加一点而电流增大很多时，说明铁心已接近饱和，应极其缓慢地升压或停止试验，根据试验数据绘制出伏安特性曲线，根据故障电流大小、伏安特性拐点校验 TA 是否满足保护动作要求	根据以上要求做伏安特性试验，并绘制伏安特性曲线，校验 TA 是否满足保护动作的要求
		变比、极性试验。采用从 TA 一次通流的形式进行变比和极性测试，判断变比和容量是否与铭牌一致，极性是否正确（可采用专用的互感器特性测试仪进行测试）	采用从 TA 一次通流的形式进行变比和极性测试，判断变比和容量是否与铭牌一致，极性是否正确

6.3.2　单体测试

对就地型馈线自动化的功能进行检测和试验时，可以单独针对配电终端本身功能进行相应的就地型馈线自动化功能测试，作为投运前的功能测试。但单体测试不涉及多台终端之间的功能配合，因此无法对智能分布式馈线自动化、集中式馈线自动化等涉及系统类型的馈线自动化功能进行校验。

单体的功能测试以电压时间型馈线自动化为例，根据配电终端所在的位置不同，分为变电站出线开关、分段开关、联络开关、分支开关、用户分界开关，其对应的测试内容包括以配电终端的功能要求的不同而测试不同的功能，主要分为保护功能、重合闸功能、失电压分闸功能、来电延时合闸功能、闭锁功能、双侧加压禁止合闸等内容，具体见表6-3。

表6-3 单 体 测 试 内 容

序号	终端类型	测试项目	测试内容
1	变电站出线开关	保护功能检测	参照一般测试中保护定值检测的测试内容做校验
		重合闸功能检测	重合闸功能：将重合闸的控制字、软压板分别投入和退出，检查重合闸功能是否能够相应的投入和停用
			重合闸检定方式：在重合闸整定单中投入检定控制字，测试重合闸采用哪种检定方式（非同期重合闸方式、检线路无压方式、检母线无压方式）
			重合闸次数：投入一次或多次重合闸时，重合闸充电完成后，模拟系统发生短路故障或单相接地故障（故障电流为1.2倍整定值），故障切除，按照重合闸次数设置故障时长，测试重合闸此时是否能够正确动作，动作次数是否满足设置次数
			重合闸时限：无检定方式下，重合闸充电完成后，模拟系统发生短路故障或单相接地故障（故障电流为1.2倍整定值），故障切除，检查重合闸时限是否符合相关规定
2	分段开关	无压分闸功能检测	使用继电保护测试仪的状态序列功能对配电终端进行加量，模拟线路正常运行状态和双侧失电压无流状态，检查终端是否产生失电压分闸信号，失电压与分闸信号之间的时间差是否符合规定
		来电延时合闸功能检测	使用继电保护测试仪的状态序列功能对配电终端进行加量，模拟线路正常运行状态、双侧失电压无电流状态、单侧加压状态，单侧加压时间为终端 X 时限的1.05倍，检查终端是否能够产生合闸信号使开关合闸
		正向来电闭锁功能检测	使用继电保护测试仪的状态序列功能对配电终端进行加量，模拟线路正常运行状态、双侧失电压无电流状态、单侧加压状态、双侧有压开关合闸状态，其中开关合闸双侧有压状态加量时间小于 Y 时限，取0.95倍的 Y 时限，检查终端是否产生正向闭锁信号；之后再加双侧失电压状态、单侧加压状态，检查终端在这种状态下是否产生合闸信号
		反向来电闭锁功能检测	使用继电保护测试仪的状态序列功能对配电终端进行加量，模拟线路正常运行状态、双侧失电压无电流状态、单侧加压状态，其中单侧加压状态时间取终端 X 时限的0.95倍，检查终端是否产生反向闭锁信号；之后再反侧做加压，检查反向闭锁信号是否能正确闭锁开关合闸

序号	终端类型	测试项目	测试内容
3	联络开关	双侧加压闭锁合闸功能检测	使用继电保护测试仪的状态序列功能对配电终端进行加量，模拟线路正常运行状态（对联络开关两侧同时加压），检查开关是否始终处于分位状态
		单侧失电压经长延时合闸功能检测	使用继电保护测试仪的状态序列功能对配电终端进行加量，模拟线路正常运行状态、单侧失电压状态，其中单侧失电压时间选择为 1.05 倍的长延时时限，检查终端是否产生合闸信号，使开关合闸
		单侧失电压短时来电闭锁合闸功能检测	使用继电保护测试仪的状态序列功能对配电终端进行加量，模拟线路正常运行状态、单侧失电压状态、短时双侧加压状态，其中短时双侧加压状态时间选择为 0.95 倍的长延时时限，检查终端是否产生闭锁合闸信号，之后继续加单侧失电压状态量，检查终端的闭锁合闸功能是否正确
4	分支开关	与断路器配套，与变电站有级差配合时	校验分支开关的保护功能，检测内容同变电站出线开关
		与负荷开关配套，无级差配合时	作为分段开关参与就地型馈线自动化功能，检测内容同分段开关检测内容
5	分界开关	投保护功能，且不投重合闸	校验设备的一般保护功能，检测内容参照一般检测内容相关部分

6.3.3　整体功能测试

集中式馈线自动化运行时，核心在主站，功能测试以主站的功能测试为主。就地型馈线自动化功能在运行时，以单条馈线为测试对象，涉及多台终端之间的逻辑配合，其整体的功能测试必不可少，但由于测试手段有限，涉及多台终端的检测目前主要在实验室和供电公司的设备仓库中开展集中测试。测试内容主要是搭建与实际的配电网网架一样的拓扑结构，对多台配电终端同时加量，模拟实际配电网的运行状态和不同的故障类型不同故障位置情况下的终端动作情况，以此检测就地型馈线自动化中多台配电终端之间的参数配置合理性和逻辑动作正确性。

整体功能测试时按照表内要求设置故障点，并设置不同的故障类型，校验就地型馈线自动化的功能。具体要求见表 6-4。

表 6-4   整 体 功 能 测 试 内 容

序号	测试要点	具体要求
1	设置故障点位置	变电站线路出口发生故障
		线路主干线分段发生故障
		联络开关相邻分段发生故障
		环网柜或开关站母线发生故障
		分支线路发生故障
		线路末端发生故障
		被测系统覆盖线路的其他可能故障
		由以上故障点任意组合，发生相继故障，且故障间隔时间小于事故总复归时间
2	设置故障类型	试验金属性单相接地、两相接地短路、两相短路、三相短路以及三相接地短路故障，并能试验瞬时性和永久性故障
		试验经过渡电阻发生单相接地、两相接地短路、两相短路、三相短路以及三相接地短路故障，过渡电阻可以调整
		试验开关拒动、误动时，馈线自动化逻辑执行情况
		试验电压互感器（TV）断线、电流互感器（TA）断线时，馈线自动化逻辑执行情况
		试验配电终端异常闭锁时，馈线自动化逻辑执行情况
		线路负载 20%、60% 和 100% 情况下，试验以上故障时馈线自动化逻辑执行情况
		在线路中一次设备检修情况下，试验以上故障时馈线自动化逻辑执行情况

6.3.4　功能测试案例

1. 单体测试

单体测试因不涉及多台终端之间的功能配合，仅对配电终端本身的馈线自动化功能逻辑进行测试，可采用继电保护测试仪的状态序列对配电终端进行加量，来验证其功能能否进行正确动作并产生正确的 SOE 信号。

以电压时间型馈线自动化功能逻辑中分段开关的来电延时合闸功能测试为例，在完成配电终端的一般性测试工作之后，对配电终端按照拟投入的功能要求配置相关的参数，并投入电压时间型馈线自动化功能。具体状态序列见表 6-5。

表 6-5   单体功能测试具体操作序列

测试项目	来电延时合闸检验
测试要求	线路处于正常运行状态，开关在合位；施加故障电流；开关双侧失电压、无电流，失电延时时间到，开关失电压分闸。当从电源侧或负荷侧来电时，经 X 时限，输出合闸信号，开关合闸

测试项目	来电延时合闸检验							
状态序列	状态 1		状态 2		状态 3		状态 4	
	模拟量	触发条件	模拟量	触发条件	模拟量	触发条件	模拟量	触发条件
	双侧施加正常电压	最长状态时间 5s	施加故障电流	最长状态时间大于过电流延时	双侧电压为零	最长状态时间 2s	电压侧施加正常电压，负荷侧为零	最长状态时间 10s

2. 整体测试

（1）测试工具。

为校验馈线自动化功能的系统性逻辑的正确性和相关参数设置的合理性，需在有条件的情况下开展整体功能测试工作，目前多采用仿真测试平台模拟电网的运行状态，同时对馈线自动化功能投入的系统设备加量，模拟配电网运行状态，校验其功能的正确性。该测试方法可对任何类型的馈线自动化功能进行检测。以自适应综合型馈线自动化的整体功能测试为例，做具体说明。

实时数字仿真平台（RTDS）是结合计算机技术、多 CPU 并行处理技术和数字仿真技术的仿真手段，其工作原理是创建电力元件的数学模型，并在一个实时步长内完成其状态量的求解，实现模拟电力系统实际运行工况的目的。RTDS 由硬件仿真器和 RSCAD 软件两部分组成。

硬件仿真器由一个或多个 RACK 组成，完成仿真模型的运算处理、数据转换及数据的输入 / 输出等。RSCAD 主要由 DRAFT 和 RUNTIME 软件组成。DRAFT 为用户提供了一个编辑电力系统电路原理图并设定相关参数和图形化建模的界面。用户可以从 DRAFT 提供的标准模型库中直接调用或建立自定义元器件模型，进行仿真模型的搭建。RUNTIME 是运行控制监视界面，该功能界面实现将编译成功后的仿真模型从工作站下载到 RACK 中运行，用户可以依据实际情况创建操作控制按键，以达到对仿真运行的操作控制。

馈线自动化功能整体功能测试装置基于模块化设计，主要由仿真工作站、RTDS 仿真器、模拟量输出板卡、功率放大器及数字量输入板卡组成。图 6-1 为系统硬件结构图。系统能够根据被试配电自动化系统规模进行灵活扩展，可以同时测试多台配电终端，图 6-1 中为两台配电终端测试的硬件结构。

（2）测试案例。

根据某 10kV 线路实际网架结构（中性点经小电阻接地系统），搭建 RTDS 仿真模型，如图 6-2 所示。该线路配置 5 台 FTU，断路器 BRK1 在测试模型中配置继电保护模块，具备相过电流保护、零序过电流保护及重合闸功能。图中 Pi 为 ∏ 型等值线路元件。变电站 10kV 母线的其他 10kV 出线在测试中主要提供故障时的电容电流，因此可等值为一条出线。

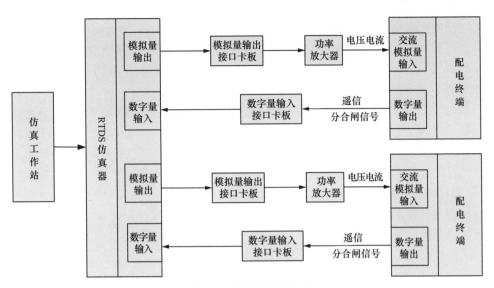

图 6-1　系统硬件结构图

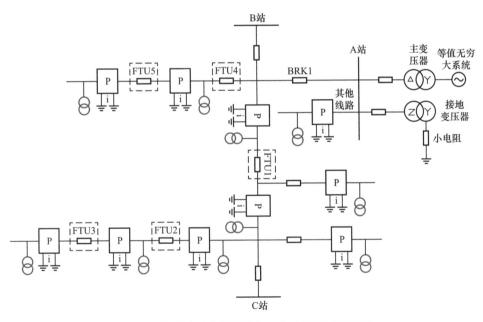

图 6-2　自适应综合型馈线自动化功能测试示意图

　　数字建模方面，搭建该馈线需要搭建包括电源 1 个、∏ 型等值线路 10 个、开关 6 个、变压器 11 个、负荷 10 个、保护装置模块 1 个、故障发生模块 1 组、搭建完成的配电线路总计包含电气设备 40 个，线路的规模属于中等水平。接入的馈线自动化逻辑的配电终端数量共计 5 台。

硬件平台搭建方面，需要 RTDS 仿真器 RACK 1 台。1 块 GTAO 模拟量输出卡，可和 2 台配电终端进行模拟量数据交互，共需要 3 块 GTAO 卡；5 个开关设备的开关状态输出，共 5 个输出量，需要 1 块 GTDO 数字量输出卡；每台配电终端有 2 个开关命令输入，按照接入 5 台装置计算，则有 2×5=50 个输入数字量，需要 1 块 GTDI 数字量输入卡，GTDO/GTAO/GTDI 板卡数量共计 5 块。一台功率放大器对一台开关的电压电流进行放大，共需要 5 台功率放大器。硬件平台得搭建再根据相关的二次回路用测试线进行连接，搭建完成定制化的馈线自动化功能测试的硬件平台。

测试方案方面，按照 6.3.3 中要求的测试内容，逐项做好试验记录，并最终编写相应的馈线自动化整体测试报告。具体的测试过程以图 6-2 配电线路中某一点故障为例做说明。

馈线自动化功能测试装置配置如下：

1）出线开关为断路器，保护参数配置，出口断路器过电流保护延时 300ms，重合闸时间 1000ms。

2）测试选取了某设备厂家生产的 5 台 FTU（FTU1～FTU5）为主线，该 5 台 FTU 具备自适应综合型馈线自动化功能。

试验参数：过渡电阻 16Ω，BRK1 过电流保护延时 300ms，FTU1～FTU5 过电流保护延时 100ms。

功能测试模型示意图如图 6-3 所示。

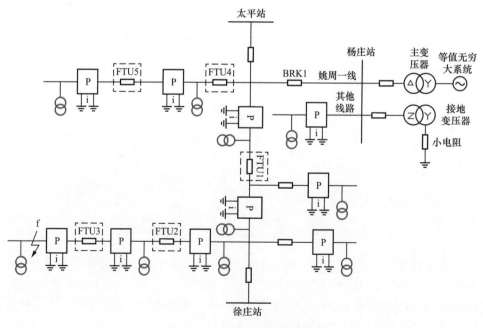

图 6-3 功能测试模型示意图

分支线路末端故障 f：断路器 QF 过电流保护动作分闸，FTU1 ～ FTU5 失电压分闸，QF 第一次重合闸，FTU1、FTU2、FTU3 按顺序延时合闸，最后识别故障点 f3，闭锁 FTU3。QF 第二次重合闸，FTU1、FTU4 经 X 时限延时合闸，FTU5 有正向闭锁信号，FTU2、3 经长延时时限延时合闸。各开关动作情况如图 6-4 所示。

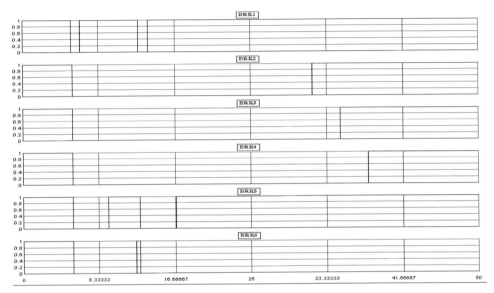

图 6-4　故障点 f 发生 BC 相间故障开关动作情况图

6.4　通　信　测　试

随着新型电力系统建设进程的不断推进，智能配电网的建设也在加速进行中。智能配电网的智能化依托一个全面集成的高速双向通信的技术架构，使配电网变成一个动态的、交互的、用于实时信息和功率交换的超级架构。配电网因涉及的节点（主站、变电站、分段开关、配电变压器、用户）多，且所处环境恶劣，要实现设备和功能的自动控制和电力及信息的双向互动，其需要的数据通信网络庞大，对通信通道的要求也较高，因此，配电网的通信网络仍在逐步完善过程中。

目前，智能配电网的通信网络建设目标是利用经济合理、先进成熟的通信技术，满足智能配电网发展各阶段对电力通信网络的需求，支持各类业务的灵活接入为配电网智能化提供电力通信保障，为电力用户与分布式电源提供信息交互通信渠道。配电网以多种方式组网，基本原则是对重要节点采取光纤通信方式，其他节点考虑无线通信或者电力载波通信方式。

6.4.1 配电网通信系统简介

1. 智能配电网对通信系统的需求

智能配电网与传统配电网相比，在通信系统上提出了更高的要求：

（1）配电网的自愈能力。配电网的自愈能力是指配电网能够及时检测出配电网正在或者已发生的故障并进行相应的故障定位、隔离和恢复非故障区域供电的能力。馈线自动化作为配电网自愈能力的典型应用，选用集中式馈线自动化和智能分布式馈线自动化时，对通信的要求更高。

例如，在以通信系统重点参与的智能分布式馈线自动化动作逻辑中，要求配电终端能够不经过主站进行快速组网和相互间的通信，让故障信息在网络上得到高度共享，配电终端根据故障信息自行开展故障定位和隔离，并采取相应措施进行配电网网络重构，这对通信的快速性和可靠性以及通信协议和数据模型的规范统一提出了更高的要求。

（2）随着智能配电网中大量分布式电源的接入，对配电网进行实时监测并控制电能质量的需求也在不断提高，如何构建覆盖广泛的通信系统，支持对智能配电网各个重要节点的电能质量监测，以及对无功功率补偿装置、继电保护装置和分布式电源的投切装置进行控制，均对通信系统提出了更高的新的要求。

（3）对配电网及其设备进行可视化管理。对配电网及其设备的实时运行数据和状态进行采集和应用，为运行人员提供高级的图形界面，以克服配电网的"盲调、盲管"问题，对电网运行状态进行在线诊断与风险分析，为运行人员进行调度决策提供技术支持。因配电网的设备分布点多面广、数量巨大，配电网尚未建设完成高效率、大带宽、覆盖广且符合建设经济性要求的通信系统。

从总体上讲，配电自动化对通信系统的要求体现在以下几个方面：

（1）通信的可靠性。配电自动化的通信系统大多在户外运行，这意味着要长期经受风雨雷电等恶劣天气的影响，并且通信系统是在较强的电磁干扰（如产生于间隙放电、电晕、变压器、谐波干扰等的电磁干扰）下工作。因此，智能配电网的通信系统要求具备较高的可靠性。

（2）满足数据传输速率的要求并留有余地。在配电自动化系统中，配电主站之间、配电主站与子站之间、主站与配电终端之间、配电终端之间对通信速率的要求不同，因此在建设通信系统时，不仅要满足当前的通信速率，也要保留足够的带宽以满足今后发展的需要。

（3）通信系统的实时性要求。配电自动化系统是一个实时监控系统，需要实时检测配电网的运行状态以实现系统故障时的快速处理，进一步保障供电的可靠性。

（4）双向通信能力。配电自动化系统不仅要求对配电终端的运行状态进行实时监控，还需要对终端设备实现自动控制，因此需要主站与终端之间需要有双向通信的能力，保障数据的上传和控制命令的下达。

（5）通信不受停电、故障的影响。故障时停电区域通信系统对停电区域的开关进行操作，提高供电可靠性。这时需要注意，一是通信系统是否继续畅通，如采取电力载波通信则通信能力会受到影响；二是停电区域的配电终端需要有备用电源，如电池或后备电源等。

（6）投资费用问题。通信系统的建设费用包括前期建设费用和后期使用和维护的费用，建设时需合理考虑经济性。

（7）通信系统的使用和维护方便。尽量选用具有通用性、标准化程度高的设备，选择标准的通信规范，不仅可以提高系统的兼容性，方便今后的扩展，还便于使用和维护。

2. 配电网通信系统

基于配电自动化通信系统的建设需求，目前的配电网通信系统架构主要以接入层通信网络为主，实现配电主站与配电终端之间的通信，网络由多种通信方式相结合的原则建设，电缆线路优先选用光纤通信方式，架空线路优先选用无线通信方式，对于在光纤、无线未覆盖的地区，可在保证安全性的前提下采用中压载波通信作为补充。

6.4.2 无线通信网络测试

基于以上需求建设了配电网通信系统之后，面向配电自动化技术人员，在设备测试中可以开展的通信测试工作主要涉及网络测试、分析及诊断方面的基础测试。涉及通信网络更专业的测试工作应请通信的专业技术人员开展测试。

1. 无线信号测试

（1）链路预算。链路预算的任务是在满足业务质量需求的前提下，计算出信号在传播中允许的最大路径损耗，然后根据合适的传播模型得到小区的覆盖范围。链路预算需要考虑通信链路中可能遇到的所有损耗和增益，包括衰落储备（通常在 5 ～ 15dB）和环境储备（室外通信 5dB 和室内通信 25dB 之间）等。

配电自动化无线网络通信系统中链路预算需要考虑多种应用技术的影响，同时要考虑无线通信实际工作的频段、电波的传输损耗和受地物的影响，为了确保配电自动化终端采用无线通信的应用效果，配电自动化终端侧无线网络信号的接收功率一般不小于 -98dBm。

（2）无线信号强度测试。配电自动化系统现场调试中，无线公网的信号强度测试一般可用手机和配电自动化终端自带的信号检测软件进行测试，如信号强度显示较弱，如在城市地下室或偏远农村郊区，会出现无线公网信号的覆盖强度不够或者根本无信号覆盖的情况。

在进行配电自动化终端现场测试的过程中，如发现无线信号强度较弱或无覆盖情况的站点，要对部分站点采用高增益天线，部分站点由移动运营商做信号增强，保证采用无线公网通信的配电自动化终端的在线率。

2. 业务功能测试

（1）测试准备。

1）地点分布：对于配电站自动化无线网络测试，选择定点测试的方法，测试地点即配电自动化终端安装地点，一般为环网柜、柱上开关或者配电变压器周围。

2）测试位置：要求在测试测量当前位置的无线信号，避免在测试过程中出现频繁重选（重选次数控制在 3 ～ 4 次）。

3）测试要求：每次测试前，需查看小区的信号强度，能够满足无线网络模块与配电自动化系统主站的正常通信。

（2）现场网络测试。

1）TCP/UDP 连接测试。

① 测试目的：测试配电自动化终端无线通信模块能够正常与主站建立传输层连接。

② 测试过程：配电自动化终端设定与运营商提供 SIM 对应的 APN 网络域名，设定主站 IP 地址和端口号；配电自动化终端能够正常连接运营商 GPRS 网关支持节点（GGSN），获取指定的 IP 地址；主站与终端建立 TCP（或 UDP）连接，能够正常进行应用层的通信规约数据交互。如能够正常进行应用层通信，则表示网络正常连接。

③ 注意事项：APN 网络域名要与 SIM 对应的移动网络运营商对应，配电自动化终端通过特定的端口号和链路地址与主站相连，如配电自动化系统主站作为服务器，要确保配电自动化系统主站服务端口正常打开。

2）PING 平均时延测试。

① 测试目的：测试无线通信网络正常运行时的 PING 包时延。

② 测试过程：配电自动化终端与主站能够正常连接，配电自动化终端与主站均分配固定 IP 地址，在配电自动化系统主站上进行 CMD 命令界面，对配电自动化终端的 IP 进行 PING 包操作（也可从终端利用超级终端对主站发起 PING 命令）。PING 包保持 3min，并统计 PING 包的平均时延。

③ 注意事项：PING 测试中，每次 PING 测试（成功或超时）间隔为 8s，PING 超时时间为 5s（在现实无线环境不好的时候出现 5s 时延还是比较常见的，定义 5s 为超时失败会导致失败率高，因此在满足配电自动化系统功能要求的基础上可修改为 8s）。

6.4.3 以太网通信测试

智能配电网的通信系统测试的重点在接入层网络，配电自动化通信接入网可分为无线通信接入和有线通信接入，其中有线通信接入主要为光纤通信方式和电力载波通信方式。在以光纤通信方式下的 EPON 中，测试需要专业技术人员和专业的测试设备，测试设备包括光源、光功率计、光衰减器、光时域反射分析仪、以太网数据网络测试仪等，用于在光纤骨干网建设完成后的网络通信设备的功能检测。针对配电自动化的专业技术人员，通信设备检测工作多依靠信通专业的技术人员开展，在配电终端设备掉线或离线的情况下，配电自动化技术人员应能够判断出是设备本身的故障还是通信的问题，这就要求配电自动化人员掌握简单的判断通信故障的能力，可以通过简单操作检查通信系统运行情况。

1. 故障管理功能测试

（1）测试步骤：

1）现场 EPON 系统安装完成，ONU 正常注册，具备测试条件。

2）配置业务工作正常，人为制造故障状态，如拔除 OLT 的 PON 口光纤，在网络管理系统上观察有无告警产生。

3）查看网络管理系统对不同级别的告警是否能够正常区分。

（2）预期结果：

1）步骤2）中，在网络管理系统上观察到有 OLT 的 LOS 告警产生。

2）步骤3）中，可以看到网络管理系统根据告警的不同级别进行了颜色区分，其中严重告警使用红色，并支持声音告警，告警声音可定制。

2. ONU 掉电告警检测测试

（1）测试步骤：

1）现场 EPON 系统安装完成 ONU 正常注册，具备测试条件。

2）根据测试需要配置业务，添加 ONU，ONU 注册正常。

3）设置网元的上报告警服务器地址为网络管理服务器。

4）把 ONU 断电。

5）查看相应的告警。

（2）预期结果：

步骤5）中，当 ONU 掉电后，应产生 Dying Gasp 告警，网管系统应支持 Dying Gasp 告警的检测。

7 馈线自动化现场实施

 7.1 馈线自动化选型与终端配置

主站集中式馈线自动化应与就地重合器式馈线自动化、智能分布式馈线自动化、级差保护等协调配合。馈线自动化的选型需要综合考虑供电可靠性、网架结构、一次设备、保护配置、通信条件等，同一区域尽量选用同一模式。

对于高可靠供电区域的电缆网，可优先采用智能分布式。对可靠性提出一定要求的区域，均可采用级差+集中型模式。

对于电缆线路中新建的开关站、环网箱等设备，应按"三遥"标准同步配置终端设备。推荐使用一二次融合配电设备，发挥一二次整合效能，提高一、二次整体运行维护水平。

 7.2 终 端 调 试 及 验 收

终端调试以一二次融合柱上断路器为例。一二次融合成套开关调试是指对柱上配电自动化开关及其 TV、终端进行联调，调试内容包括"三遥"功能调试、逻辑功能调试和二次安防调试。主要调试仪器为继电保护仪、笔记本计算机等。调试内容和流程见表 7-1。

表 7-1 调试内容和流程

序号	调试项目	设备类型	调试流程
1	"三遥"功能	断路器、负荷开关	(1) 参数设置； (2) 设备连接； (3) 蓄电池功能试验； (4) 遥测功能试验； (5) 遥信功能试验； (6) 遥控功能试验

序号	调试项目	设备类型	调试流程
2	逻辑功能	断路器	（1）相过电流保护试验； （2）零序保护试验； （3）一次重合闸试验； （4）二次重合闸试验； （5）二次重合闸闭锁试验； （6）逻辑复归试验
		电压型负荷开关	（1）有压合闸试验； （2）无压分闸试验； （3）闭锁合闸试验； （4）闭锁分闸试验 （5）逻辑复归试验
		电流型负荷开关	（1）相过电流保护试验 （2）零序保护试验； （3）相过电流闭锁保护试验； （4）逻辑复归试验
3	二次安防	断路器、负荷开关	（1）关闭无用端口及服务； （2）密码合规； （3）双向加密认证； （4）物理防护及锁具等

1. "三遥"功能联调

成套开关的"三遥"功能联调是指在开关安装之前，在仓库或其他适宜的地方对自动化开关及其终端进行"三遥"功能的调试，包括遥信、遥测和遥控试验，以检查开关及其终端的功能正确性。

建议按照以下顺序进行调试。

（1）调试前必备条件。在进行"三遥"联调前，应确保满足以下工作条件：

1）确保已具备终端通信卡和终端ID号，终端通信卡包括IP、SIM卡号、电话号码等信息。

2）配电自动化主站已具备完备的图模信息。

3）配电自动化主站已录入相应开关的信息点表。

4）调试现场无线信号强度良好，满足通信要求。

5）具备安全可靠的独立试验电源，具备继电保护测试仪、绝缘电阻表、钳表等仪器仪表，其准确度等级及技术特性应符合要求，且必须经过检验合格。

（2）终端参数设置。在开始联调之前，应先设置好包括但不限于以下参数：

1）设置终端的ID号和端口号，确保与主站一致。

2）设置终端的通信参数，检查通信卡的IP地址与主站是否一致。

3）设置终端的信息点表，确保与主站一致。

4）设置终端的保护定值，负荷开关包括有压延时合闸时限、无压分闸时限以及闭锁复归等定值；断路器包括速断、过电流、零序定值，以及一、二次重合闸时限等定值，确保与运行部门出具的定值单一致。

（3）现场设备连接。在试验时，应模拟现场实际安装情况，把自动化开关、TV与终端通过二次电缆进行连接。配电自动化终端在设置好参数后与主站进行通信连接，并进行对时，确保终端时钟与主站一致。

（4）蓄电池功能试验。应对终端所配的蓄电池进行以下检查：

1）检查电池标称容量是否符合技术条件书要求，查看蓄电池外观是否有鼓胀。

2）切除终端交流电源，查看蓄电池是否可以保证装置正常运行。

3）切除终端交流电源，蓄电池应能够正常遥控分合开关3次（分、合为1次）。

4）交、直流切换不影响终端正常运行。

5）测试"电池欠压""电池活化"等功能，核对"电池告警"遥信信号是否能正确上传到主站。

（5）遥测功能试验。

1）检查开关说明书，核对开关的TA变比、精度、容量是否与技术条件书的要求一致。

2）核对TV的变比、精度是否与技术条件书的要求一致。

3）通过大电流发生器或者三相继电保护测试仪在开关一次侧对内置TA进行升流试验，测试TA安装是否正常，变比、二次接线是否正确，检查现场输入的一次电流值是否与终端检测到的电流值一致，误差是否在合格范围内。

4）如开关内部无独立零序TA，零序电流为三相合成，则需要进行三相不平衡测试。具体为在开关一次侧A、B、C三相加相同大小、角度互差120°的电流，检查是否存在零序电流。

5）在TV一次侧进行升压试验，测试TV变比、二次接线是否正确，查看现场输入的一次电压值是否与终端检测到的电压值一致，误差是否在合格范围内。

6）根据遥测信息点表，对其他信号进行逐一测试。

（6）遥信功能试验。

1）通过终端对开关进行分、合闸操作，终端应能正确反映开关分闸、合闸及开关储能信号并能及时上传到主站。

2）状态量变位后，主站应能收到终端产生的事件顺序记录（SOE）。

3）切断装置交流电源，测试交流失电压信号是否可以传输到主站。

4）通过插拔终端板件等方法，测试装置总告警信号是否可以传输到主站。

5）根据遥信点表，对其他信号进行逐一测试。

（7）遥控功能试验。

1）遥控试验前应检查主站图模信息是否与现场完全一致。

2）终端具备"三遥"功能的情况下，终端"远方/就地"旋钮位于"就地"位置，在终端本体进行分/合闸操作，开关应正确执行分/合闸，此时若主站下发分/合闸命令，开关不应动作。终端"远方/就地"旋钮位于"远方"位置，在主站进行分/合闸操作，开关应正确执行分闸/合闸，若此时在终端处就地进行分/合闸，开关不应动作。

3）测试终端的远方/就地的闭锁逻辑能否满足要求，逻辑见表7-2。

表 7-2   远方/就地的闭锁逻辑表

FTU	主站系统远方遥控操作	终端遥控操作	手动操作开关
远方	√	×	√
就地	×	√	√

2. 逻辑功能

柱上一二次融合断路器逻辑功能试验包括相过电流保护功能测试、零序保护、小电流接地保护功能测试，一、二次重合闸功能测试及二次重合闸闭锁及复归测试。具体测试步骤见表7-3～表7-6。

表 7-3   柱上一二次融合断路器逻辑功能试验测试步骤1

序号	相过电流保护功能测试内容
1	通过 FTU 终端维护软件，设置过电流保护定值和动作时限，确认终端已投入相过电流保护功能、被试开关在合闸状态
2	加入 1.05 倍设定的相电流定值，模拟发生相过电流故障
3	核对终端有对应的故障指示，核对主站收到相应故障信息报文
4	保护动作，开关延时分闸，开关全断口时间少于设定延时 +100ms
5	恢复终端正常运行，确认被试开关在合闸状态
6	加入 0.95 倍定值，模拟发生相过电流故障
7	终端不动作，开关保持合闸状态
8	核对终端应无对应的故障指示，核对模拟主站软件没有相应故障信息报文
9	恢复终端正常运行状态
10	退出保护功能
11	加入 1.05 倍定值，模拟发生相过电流故障
12	终端不动作，开关保持合闸状态
13	核对终端应无对应的故障指示，核对主站没有相应故障信息报文
14	恢复终端正常运行状态

表 7-4   柱上一二次融合断路器逻辑功能试验测试步骤 2

序号	一次重合闸功能测试内容
1	通过 FTU 维护软件，设置过电流保护、零序保护定值和动作时限；确认终端已投入过电流保护功能、零序保护功能（适用于小电阻接地系统），且被试开关在合闸状态
2	投入重合闸功能，设定重合闸延时
3	加入 1.05 倍定值，设定故障时间为大于保护动作时限小于重合闸动作时间，模拟发生瞬时接地或短路故障
4	保护动作，开关分闸，重合闸动作，开关延时后重合
5	核对终端有对应的故障指示，核对主站收到相应故障信息报文
6	退出重合闸功能
7	加入 1.05 倍定值，设定故障时间为大于保护动作时限小于重合间动作时间，模拟发生接地或短路故障
8	保护动作，开关分闸，重合闸不动作
9	核对终端有对应的故障指示，核对主站收到相应故障信息报文
10	恢复终端正常运行状态

表 7-5   零 漂 功 能 试 验

测试案例名称	零漂功能试验	编号
测试要求	（1）施加小于零漂整定值，对应实时遥测数据应为 0； （2）施加大于零漂整定值，对应实时遥测数据应为施加值	
测试方法	（1）施加 0.9 倍零漂整定值，读取对应实时遥测数据，其值应为 0 值； （2）施加 1.1 倍零漂整定值，读取对应实时遥测数据，其值应为施加值	

表 7-6   死 区 功 能 试 验

测试案例名称	死区功能试验
测试要求	施加变化量小于死区整定值，对应遥测数据保持原值； 施加变化量大于死区整定值，对应实时数据应为施加值
测试方法	（1）施加变化量小于 0.9 倍死区整定值，对应遥测值保持原值； （2）施加变化量大于 1.1 倍死区整定值，对应遥测值更新为施加值
备注	死区阈值计算： （1）电流死区阈值（I_a、I_b、I_c、I_0）＝相 TA 二次额定 × 电流死区； （2）交流电压死区阈值（U_a、U_c、U_0）＝TV 二次额定 × 交流电压死区； （3）电池电压死区阈值＝后备电源额定电压 × 直流电压死区； （4）U_0 死区阈值＝100× 零压死区； （5）功率死区阈值 ＝TV 二次额定 × 相 TA 二次额定 ×2× 功率死区； （6）频率死区阈值 ＝50× 频率死区； （7）功率因数死区阈值 ＝1× 功率因数死区

针对符合国家电网标准的柱上一二次融合断路器，在本地 10kV 小电流接地方式下，投入小电流接地自适应功能，采用相适应的波形，继电保护测试仪波形回放传动。

 ## 7.3 馈线自动化运维

7.3.1 集中式馈线自动化运维

集中式馈线自动化在正常状态下，实时监视馈线分段开关与联络开关的状态和馈线电流、电压情况，实现线路开关的远方或就地合闸和分闸操作。在故障时获得故障记录，并能自动判别和隔离馈线故障区段，迅速对非故障区域恢复供电。其中故障定位、隔离和自动恢复对提高供电的可靠性和缩短非故障区的停电时间有重要意义，馈线自动化动作具有较强的时序性、逻辑性，容易受到各种因素的影响，需要在馈线自动化投入运行后，不断进行案例分析，分析影响馈线自动化正确性问题，及时进行运维消缺，从而提升馈线自动化准确性。

1. 站内保护与跳闸信号对馈线自动化准确性的影响

站内保护与跳闸信号对于馈线自动化正确的启动起着至关重要的作用。站内保护动作加上断路器跳闸产生停电区间启动馈线自动化，但是为了不误启动馈线自动化，正确启动馈线自动化还需要满足如下条件：

（1）保护先于断路器跳闸，两者时间相差在 Y 以内启动馈线自动化。

（2）断路器跳闸先于保护，两者时间相差在 X 以内启动馈线自动化。

（3）配合启动的保护信号有过电流、速断、接地、变电站事故总等。

2. 一次设备对馈线自动化准确性的影响

从馈线自动化的动作过程中可以看出，故障区间判断、隔离与恢复非故障区间供电都要涉及对一次设备的控制操作，这也就对一次设备的可靠性提出了一定的要求，如果出现一次设备控分、控合不成功或者该跳不跳的情况，会大大降低馈线自动化准确性。

一次设备存在的主要问题如下：

（1）一次设备机构拒动影响馈线自动化隔离、恢复供电。

（2）凝露导致机构误动或误送遥信信息，影响馈线自动化区间判断、隔离、恢复供电。

（3）一次设备触点损坏，无信号输出，影响馈线自动化区间判断、隔离、恢复供电。

（4）未安装 TA 无法采集故障电流，影响馈线自动化区间判断。

（5）分段开关（除出站第一个开关外）、联络开关未安装双侧 TV，影响馈线自动化隔离、恢复供电。

（6）一次设备产品缺陷导致开关误动、拒动影响馈线自动化区间判断、隔离、恢复供电。

3. 二次设备对馈线自动化准确性的影响

馈线自动化的整个处理过程，需要依赖于二次设备主动上送的遥信、遥测信息及主站下发的遥控命令的执行情况，主站才能进行正确的故障区间的判断、隔离、恢复供电。如果二次设备应该上送的信号未上送，有误报信号，上送的信号不正确，或者延时上传信号等情况，都会造成事故区间定位错误、隔离失败或转供失败，从而无法实现预期的馈线自动化功能逻辑。

常见的二次设备对馈线自动化影响的主要问题如下：

（1）信号漏报，如果是真正故障区间前端第一个设备故障信号漏报将直接影响故障区间误判，造成故障区间定位扩大。

（2）信号误报，二次设备故障信号的误报将直接影响故障区间误判，影响馈线自动化故障处理逻辑。

（3）后备电源（蓄电池或电容）的续航能力不足，一旦线路发生故障跳闸，二次设备短时间内变为离线状态，会造成信号不能上传或者延时上传，从而导致区间判断错误或者遥控失败，整个自愈过程中止，扩大了事故的停电范围。

（4）二次设备的保护定值设置不合理，也会影响馈线自动化的正确处理，定值设置的过大会导致应该跳闸的设备未跳闸，导致上一级开关跳闸，扩大停电区间；定值设置得过小会导致馈线自动化误启动，本来运行正常的区间发生故障跳闸停电。

（5）二次设备加密不成功，会造成馈线自动化隔离不成功或恢复供电不成功。

（6）二次设备自身缺陷导致故障信号误送或漏报，直接影响馈线自动化的正确性。

可以看出二次设备从终端运行状态监视，到定位故障区间，隔离故障区间，甚至对于整个馈线自动化动作过程都起着非常重要的作用。

4. 通信网络对馈线自动化准确性的影响

通信系统是主站系统与配电网终端设备联接的纽带，主站与终端设备间的信息交换可借助可靠的通信手段，因此必须有稳定可靠的通信系统，才能实现配电自动化的功能。通信系统将配电主站的控制命令下发到各执行机构或远方终端，同时将各远方监控单元（DTU、FTU、TTU等）所采集的各种信息上传至主站。

常见的通信网络影响因素分析：通信网络的稳定性、可靠性是馈线自动化正常处理的重要保障，通道信号延迟会造成终端频繁上下线，影响信号传递，丢包或者误码会导致关键信号丢失或者上传错误，影响馈线自动化的正常判断、策略的执行等；通信运营商的运维问题、无线通信模板质量问题或者网络设备（ONU、EPON、OLT 等）的稳定性问题都可能影响通信网络的可靠性，从而影响馈线自动化正确判断处理。

5. 网架结构对馈线自动化准确性的影响

常见的影响馈线自动化动作准确性的网架结构方面的问题一般指单辐射线路或联络断路器安装位置不合理，从根本上直接影响非故障区间的恢复供电。

6. 主站系统图形、参数维护对馈线自动化准确性的影响

主站系统是馈线自动化处理的"大脑"，馈线自动化监视与处理过程需要主站系统来进行综合的分析判断、动作指令下发。

常见的主站系统影响馈线自动化的主要问题如下：

（1）系统图模数据不一致，直接导致系统拓扑关系与现场运行方式发生脱节、错乱，影响馈线自动化处理逻辑的正确性。

（2）馈线自动化策略配置错误，导致主站系统不能按照最优的馈线自动化动作策略进行处理。

（3）参数配置不正确，允许合环运行的线路设定成不允许合环，会导致恢复原有方式供电的时候非事故区间多停电一次；具备全自愈的线路，在系统维护成了非自愈线路，在馈线自动化动作过程中系统只会进行区间的判断，不会进行区间的隔离和非事故区间的转供电；线路负荷维护错误，或者"三遥"点号维护错误等都会导致馈线自动化处理策略不合理或者错误等情况发生。

由于整个馈线自动化的动作过程都是在配电主站控制下完成的，所以配电主站图模数据、配置参数、故障处理策略的维护对于馈线自动化的准确性有非常大的影响。

7. 站内信号对馈线自动化正确性的影响

目前，配电主站获取站内保护与跳闸信号主要依赖于 EMS 转发和变电站直采的方式，信号的正确性直接影响馈线自动化的成功与否，同时配电主站要实现馈线自动化全自愈需要对变电站出线断路器进行遥控，这两方面因素都将影响馈线自动化正确性。

常见的站内信号影响馈线自动化的主要问题如下：

（1）站内保护、跳闸信号的丢失，直接影响馈线自动化的正确启动。

（2）站内保护、跳闸信号的时间配合，直接影响馈线自动化的正确启动。

（3）站内保护、跳闸信号的误报，将导致配电主站误启动馈线自动化。

（4）站内装置本身问题，导致信号丢失、误报，直接影响馈线自动化的正确性。

（5）站内一、二次重合闸的投运或退出，直接影响馈线自动化的逻辑处理。

8. 运维管理对馈线自动化准确性的影响

馈线自动化正确性与运维管理分不开，健全的管理制度、流程对馈线自动化动作准确性提升有至关重要的作用。常见的运维管理影响馈线自动化准确性的主要问题如下：

（1）自动化设备正确投运，主要体现在具备自动化的设备未投远方位置、遥控压板未投运或开关处于强合位置。

（2）用户分界开关未储能，直接影响用户故障时用户分界开关不跳闸隔离故障。

（3）蓄电池、无线通信天线丢失。

（4）保护定值设置不合理。

（5）EMS未开通遥控权限。

（6）二次设备通信掉线未及时消缺。

（7）挂实验、传动、检修、接地、操作禁止等工作牌未及时在系统中摘除。

（8）自动化覆盖面不够，缺少自动化投运开关。

以上问题都直接影响主站馈线自动化的启动、故障区间判断、故障隔离和恢复供电环节。

9. 提升馈线自动化可靠性的思路与方法

（1）建立分析机制。因馈线自动化正确处理涉及多个环节，包括一/二次设备正确动作、通信稳定性、主站系统的正确处理，按管理部门划分涉及配调、运检、配电工区、信通公司等多个部门，建立各部门间高效运作机制非常重要。

（2）案例分析、汇总。通过对每日的馈线自动化动作明细进行汇总、统计，建立周汇报、月总结制度，进行全方位全时段的馈线自动化问题调查分析，找出影响馈线自动化动作准确性的问题，并制定详尽的整改计划。

（3）问题归类。影响馈线自动化正确的问题主要分为变电站、EMS、运维管理、网架、配电自动化设备（系统）问题。

变电站：变电站信号误报、漏报，变电站保护或跳闸信号丢失，变电站保护、跳闸时间配合问题，变电站装置问题。

EMS：EMS信号误报、漏报，EMS保护或跳闸信号丢失，EMS保护、跳闸时间配合问题。

运维管理：EMS遥控权限未开通、变电站出线开关未投一/二次重合、线路上无自动化开关、联络开关未上自动化、自动化未投运、检修（实验）未挂实验牌、线路未改造、未作图、终端掉线未消缺等。

网架：单辐射线路。

配电自动化设备（系统）：主站馈线自动化策略问题，一、二次设备本身故障。

（4）现场及时消缺处理。按照馈线自动化分析报告，对于存在的问题及时调查、分析并处理，不断优化网架结构，提升运维管理水平和工作流程，提升主站、一/二次设备的产品质量，提高通信质量，提升馈线自动化正确率。

（5）运行管理提升。①完善配电自动化运行管理办法并落实执行；②对于未上自动化的设备可以通过人工置数来保持现场电网运行状态一致，保证拓扑一致率；③检修、现场试验时需要提前在配电主站中提前挂牌；④加强电网架构的改造；⑤优先联络开关、主分段开关的自动化改造；⑥完善新投异动管理流程；⑦完善终端传动、消缺流程；⑧开通 EMS 遥控权限；⑨加强图形的审核，线路切改需要确保 EMS、DMS 同步；⑩ EMS 台账、模型变更应该及时通知 DMS 进行修改，完善同步流程；⑪ 对于未进行自动化改造的线路及线路上只有看门狗或故障指示器这种"三遥"自动化设备，建议不要投全自动；⑫ 对于投自愈的线路，加强联络开关的投运（部分地市联络开关禁止遥控或者将联络开关旁边的隔离开关拉开，这些都不具备转供条件）；⑬ 落实运维问题的消缺。

（6）配电网架完善。合理的配电网架是实施配电自动化的基础，配电网架规划是实施配电自动化的第一步，配电网架规划应遵循如下原则：①遵循相关标准，结合当地电网实际；②主干线路宜采用环网接线、开环式运行，导线和设备应满足负荷转移的要求；③主干线路宜采用多分段多联络，并装设分段 / 联络开关，分段主要考虑负荷密度、负荷性质和线路长度；④配电设备自身可靠，有一定的容量裕度，并具有遥控和某些智能功能。

（7）配电终端和一次设备运维。配电一次设备和二次设备肯定是不可分割的整体，二次设备不论是保护还是自动化都是通过采集一次设备的信息，感知一次设备运行状态，实现一次设备健康运行的目的。二次设备也担负着分析判断或者转发主站系统的命令，下发指令实现对一次设备的控制操作，从而满足配电网运行的要求，比如实现馈线自动化功能，更快地处理故障和恢复电网的正常运行。

为了保证一、二次设备完美配合，让馈线自动化正确动作起到良好的效果，必须提升一、二次设备的运维水平。①熟练掌握各类型配电设备及终端的功能、接口、配置与操作，确保终端检修的安全，制定相应操作规程；②结合设备运行状况和气候、环境变化情况，加强巡视，制定配电终端和一次设备的定期巡视、特殊巡视或故障巡视制度；③针对配电自动化不同类型的馈线自动化模式，完善相应的自愈投运流程；④建议建立统一的缺陷管理平台，实现配电自动化一、二次设备缺陷的闭环管理，并定周期的开展缺陷分析评估会，提升设备运维水平；⑤加强一、二次设备的入网监测、联调工作，严控终端程序版本，提高入网设备的可靠稳定运行。

（8）配电通信运维。配电通信网络是整个配电自动化实现的关键环节，而配电网的通信方式和通信设备选择又具备多样性的特点，为了保障其稳定可靠的运行，必须开展配电通信专业运维提升工作。①成立专门的配电通信运维班组；②建立通信的主备通道，实现网络冗余；③ 每日通过通信网管系统监视配电通信网络，发现异常及时启动缺陷处理流程；④ 积极做好与无线通信运营商的沟通协调，避免因无线服务网络升级等问题导致无线终端大量离线，协调解决终端无线信号弱、通信延时大等问题；⑤为避免重复巡视，运维人员巡视配电一次设备及终端时，应同时检查终端配套通信单元的工作状态，发现故障后及时启动缺陷处理流程。

（9）配电主站系统。配电主站系统是配电自动化馈线自动化动作准确性的集中体现与展示平台。在保证配电终端和一次设备、通信网络以及网架等运维提升的基础上，配电主站系统也需要提升自身的监测能力、馈线自动化策略分析处理能力、应用支撑运维能力等。①建立主站系统软硬件、机房巡视制度，确保系统安全稳定运行；②辅助监测一、二次设备缺陷，为缺陷处理提供依据，比如：对蓄电池状态的在线监测，可疑遥测分析，网架优化调整支撑等；③常态化积累馈线自动化动作案例，积累线路实际运行经验，完善系统馈线自动化处理规格、策略；④主站系统版本升级控制，做好新升级功能的入网测试验证；并定期开展功能缺陷或者需求分析会；⑤加强新投异动流程闭环管理流程，保证图模维护的一致性；⑥建立系统参数维护管理流程，主要包括自愈现场设定、线路处理方式设定、合环设定、规约地址维护、"三遥"电能表维护等。

7.3.2　就地重合器式馈线自动化运维

传统就地重合器式馈线自动化不依赖主站、通信等因素，依据配电一、二次设备自身的特性和独特原理进行就地故障区间的判断、隔离和恢复供电。因此，运行在就地型馈线自动化模式下的设备运行维护与集中式馈线自动化模式下的设备运维有较多差异，这是由于影响传统就地型馈线自动化的故障隔离与恢复供电的主要因素在于设备本身，与设备的通信状态、通信可靠性和主站系统的运行状况等都关系不大，传统就地型馈线自动化很多运维工作集中在设备本身的运维上。

配电自动化设备主要包括配电开关（柜）、配电终端以及电源 TV 和连接电缆等。对在运设备运维时，运行在传统就地型馈线自动化模式下与运行在主站集中式模式下最大的差异是操作规程和流程的不同。运行在传统就地型馈线自动化模式下的开关设备失电压自动分闸，但是开关一侧来电还会自动合闸，检修时需要遵守特定的操作规程对已经分闸的开关进行手动解除合闸功能并确认，避免因开关来电自动合闸给人工检修带来安全风险。

1. 电压时间型馈线自动化运维

对于运行在电压时间型模式下的配电终端设备，按照设备投运前和设备投运后进行划分，运行维护工作也有所差异，主要运维工作和方式如下。

（1）设备投运前的状态检查与参数配置。电压时间型设备的参数配置相比集中型少很多，运行参数仅需要配置有压确认延时定值一个。通信参数需要配置地址、点表等。

运行参数配置需要结合设备在线路中的位置和变电站的重合闸情况。在变电站配置了二次重合闸情况下，主干线上的所有分段开关的有压确认时间（X时间）和合闸保持时间（Y时间）可统一设置成同一个参数。有多条干线或者存在大分支线路的，X时间整定遵循先干线后分支线原则。第二条干线或分支线的首台开关的X时间应大于第一条干线所有开关处理完的时间，时间计时起点均为得电时刻。

在变电站只配置了一次重合闸的情况下，线路首开关X时间定值应配置满足重合闸充电完成，一般为 21 ～ 35s。

（2）设备投运后因网架调整带来的运行参数调整。当网架或者线路电源分布发生变化时，需要重新调整设备的运行参数，主要涉及线路的第一台开关设备和有多条干线或者存在大分支线路连接处的开关设备，对开关设备的X时间进行相应调整，整定原则遵循先干线后分支线。第二条干线或分支线的首台开关的X时间应大于第一条干线所有开关处理完的时间，时间计时起点都为得电时刻。

（3）设备投运后的停电检修及异常运维。电压时间型馈线自动化模式下的设备，在投运后的检修情况主要包括由运行转检修、由检修转运行、由备用转检修、由检修转备用、由备用转运行等多种情况，需要根据不同的检修模式进行区别对待，制定相应的操作规程。

2. 自适应综合型馈线自动化运维

对于运行在自适应综合型馈线自动化模式下的设备，按照设备投运前和设备投运后进行划分，运行维护工作也有所差异，主要运维工作和方式如下：

（1）设备投运前的状态检查与参数配置。自适应综合型设备的参数配置比电压时间型馈线自动化更为方便。因其自适应的逻辑功能，原则上只要变电站配置了两次重合闸，线路上的分段开关运行参数可配置为相同，在默认参数可用时，无须配置。接入主站系统时，通信参数需要配置地址、点表等。在变电站只配置了一次重合闸的情况下，变电站出线开关至线路主线的首开关X时间定值应配置满足重合闸充电完成，一般为 21 ～ 35s。

（2）设备投运后因网架调整带来的运行参数调整。无须调整运行参数。

（3）设备投运后的停电检修及异常运维。自适应综合型馈线自动化模式下的设备，在投运后的检修情况主要包括由运行转检修、由检修转运行、由备用转检修、由检修转备用、由备用转运行等多种情况，需要根据不同的检修模式进行区别对待，制定相应的操作规程。

3. 合闸速断型馈线自动化运维

对于运行在合闸速断型模式下的设备，按照设备投运前和设备投运后进行划分，运行维护工作也有所差异，主要运维工作和方式如下。

（1）设备投运前的状态检查与参数配置。合闸速断型运行参数中的合闸延时参数配置原则与电压时间型有所区别，变电站重合闸后不能启动瞬时速断或加速保护动作时间大于0.1s。在变电站配置了一次重合闸情况下，主干线上的所有分段开关除按自适应综合型配置参数外，需启动合闸速断并在一定时限后失效。注意一二次融合开关必须选择断路器。

（2）设备投运后网架调整，无须调整参数。

（3）设备投运后的停电检修及异常运维。合闸速断型馈线自动化模式下的设备，在投运后的检修情况主要包括由运行转检修、由检修转运行、由备用转检修、由检修转备用、由备用转运行等多种情况，需要根据不同的检修模式进行区别对待，制定相应的操作规程。

7.3.3 智能分布式馈线自动化运维

智能分布式馈线自动化主要应用于对供电可靠性要求较高的城区电缆线路。其故障定位与隔离主要依赖终端之间的信息交互，对通信的要求比较高，通常采用光纤等通信。智能分布式馈线自动化的运维大部分内容与过程与主站集中式馈线自动化类似，可参照集中式馈线自动化的运维部分。此外，智能分布式馈线自动化的运维还有其特有的部分，主要包括逻辑策略制定、参数配置等。

1. 逻辑策略制定

智能分布式在投运前需要制定完善的故障处理预案，同时完成各配电终端馈线自动化故障动作参数的计算校验并存档。现场投运前，应进行分布式馈线自动化系统测试。在变动部分设备投运前，完成动作参数、拓扑参数的现场调整和包含"现场二次回路—配电主站"整组传动测试的交接试验后，做好定值整定执行记录后存档。分布式馈线自动化配电终端的采集、控制和故障处理功能相关参数的计算整定、现场设定、交接试验应统一管理。

为确保一次及二次系统安全、稳定运行，在制定分布式馈线自动化相关逻辑策略时，要充分考虑在非正常状态时的处理方案。如以下情形发生时，分布式馈线自动化的相关部分功能宜闭锁，并向配电主站发出告警并报送闭锁原因；同时，在不影响安全条件下，异常发生时可采用适当扩大隔离区的逻辑策略，尽可能将故障区域隔离在较小范围，并恢复非故障区域的供电。主要闭锁关联项如下：

（1）配电终端的硬压板和软压板未在投入状态。

（2）终端分布式馈线自动化通信交互异常。

（3）开关不在可控状态。

（4）所在馈线回路中任一开关的操动机构及绝缘状态异常信号。

（5）分布式馈线自动化执行过程中，环路中任何一台开关出现开关拒动或误动时。

（6）参数下装过程中，所在配电线路的分布式馈线自动化功能应退出运行状态，校核无误后方可投运。

2. 参数配置

参数主要分为动作参数与负荷转供参数。

动作参数主要包括动作限值和动作时限两组参数。动作限值满足可靠检测到故障，随着线路运行拓扑的改变，动作限值要适用不同的变电站出口断路器保护动作限值。

负荷转供参数用于故障隔离后联络电源负荷转带的条件判断，主要包括各配电线路及电源的负荷转带限值。

参数配置要求如下：

（1）故障判断逻辑及参数，满足变电站出口断路器保护切除故障之前，终端能可靠检测到故障并进行故障区段定位。

（2）动作逻辑及参数，满足在变电站出口断路器保护可靠切除故障之后，再完成故障区段隔离的原则。

（3）负荷转带限值应小于联络电源及线路的最大负载允许值。

3. 运维检修注意事项

（1）运维人员应熟练掌握现场分布式馈线自动化终端的调试、测试和运维技术。

（2）现场一次线路、一次设备或二次设备的检修时，须按照运维需要，对相关出口和功能的硬压板、软压板进行正确的投退操作，避免引起检修时的安全生产事故。

（3）分布式馈线自动化功能所在线路的配电主站图模异动管理，以及包含故障处理动作参数在内的各类现场参数管理，应纳入配电设备投运或停复役管理流程。

（4）分布式馈线自动化功能的投退管理，应纳入所在配电线路的管理范围。

（5）应定期检查环网箱的环境温度、湿度、防护等满足运行要求。应定期检查开关机构及配套后备电源，确保开关分合及电源的正常工作。

7.3.4 馈线自动化与继电保护配合运维

配电网线路一般可采用三级保护方案：第一级为变电站出线开关保护，配置三段式电流保护，配置重合闸；第二级为大分支线保护，安装分支分界开关等带故障切除的设备，可实现分支故障的检测与切除；第三级为分支线配电变压器保护，一般采用熔断器保护。在馈线自动化模式下，继电保护与馈线自动化总体上应满足以下应用需求。

1. 继电保护及配电终端的配置需求

（1）配电网保护配置应满足选择性、灵敏性、快速性和可靠性的总体要求。配电主站应能根据电网运行要求合理整定配电终端定值，包括终端的自动化、保护定值。

（2）对于具备保护功能（具有保护跳闸出口功能）的配电终端，以及不具有保护出口跳闸功能的配电终端，其保护定值或故障检测值配置（如判别过电流、过负荷故障）均应满足配电网运行与故障信息采集需要。配电主站应能实现配电终端定值的就地 / 远方下装、远方调阅校核，以便于运维管理。

（3）配电网运行方式灵活多样，导致配电网其他独立保护装置、配电终端中涉及的保护功能不能兼顾保护的选择性、灵敏性、快速性和可靠性要求时，则应在保护整定时保证规定的灵敏系数要求。

（4）配电终端定值配置，应充分结合配电线路一次网架、配电自动化一、二次设备类型和馈线自动化实现方式，具体分析，按需配置。

（5）"二遥"动作型终端装置（用户分界隔离开关）应根据用户性质和电网安全运行要求，配置能够快速可靠切除用户侧各类型故障的配电终端或就地控制保护装置。

2. 不同应用场合的配合需求

在馈线自动化模式下，线路分段开关可不配置级差保护，通过主站集中式或智能分布式、就地重合器式等馈线自动化，实现故障隔离 / 恢复的功能。不同馈线自动化模式下配电终端与继电保护配合需求如下。

（1）对于集中式馈线自动化：

1）变电站出线开关继电保护配置及整定需求。出线开关通常配置二段过电流保护、二段零序过电流保护、三相一次重合闸。二段过电流保护、二段零序过电流保护动作均可作用于跳开出线开关。

2）配电终端功能配置需求。①干线分段开关配电终端宜配置过电流保护，只发出过电流信号；②用户分支线分界开关为开关，可考虑配置过电流保护，作用于跳闸，并与变电出线开关进行保护级差配合。

（2）对于就地重合器式馈线自动化：

1）变电站出线开关继电保护配置及整定需求。出线开关通常配置二段过电流保护、二段零序过电流保护、采用电压时间型和自适应综合型时宜配置三相二次重合闸，采用电压电流时间型时宜配置三相三次重合闸。二段过电流保护、二段零序过电流保护动作均可作用于跳开出线开关。

2）配电终端功能配置需求。①主干线路配电终端应配置满足馈线自动化应用要求的逻辑功能，并至少具备"二遥"动作型终端功能要求；②用户分支线分界开关为断路器，可考虑配置过电流保护，作用于跳闸，并与变电出线开关进行保护级差配合。③如果变电站仅能配置一次重合闸，可通过设置首个分段开关时间定值来躲过变电站出线开关重合闸充电时间，使重合闸再次动作。

（3）对于智能分布式馈线自动化：

1）变电站出线开关继电保护配置及整定需求。出线开关通常配置二段过电流保护、二段零序过电流保护、三相一次重合闸。二段过电流保护、二段零序过电流保护动作均可作用于跳开出线开关。

2）配电终端功能配置需求。①配电线路开关采用开关时，变电站出线开关保护若提供150ms（含）以上延时，分布式馈线自动化配合该延时，就地自动实现配电线路全线无级差故障判断、隔离，出线开关无须跳闸，对联络线转供下游非故障区进行过载预判，满足转供条件再自动合闸联络开关，恢复非故障区域供电。②配电线路开关采用负荷开关时，故障时出线开关跳闸，分布式馈线自动化先就地自动实现故障判断、隔离，变电站出线开关一次重合闸，恢复上游非故障区域供电；对联络线转供下游非故障区进行过载预判，满足转供条件再自动合闸联络开关，恢复非故障区域供电。

7.3.5 分布式电源接入配置要求

配电网和分布式发电系统相结合是智能电网的特征之一，可节省投资，降低能耗，提高系统安全性和灵活性，是配电网发展的趋势。但分布式电源接入后，配电系统由原来的单电源放射状网络变成多电源供电的复杂网络，这使得其中的潮流分布及短路故障电流大小、流向和分布均发生变化。分布式发电系统的接入对现行配电网故障处理模式提出了新的挑战。

分布式电源接入10kV配电网线路后，将对配电网现有继电保护配置、系统短路电流水平、配电自动化系统功能应用、电能质量、现场作业安全等产生影响，可在不改变现有线路设备情况的前提下，在分布式电源接入点或产权分界点处安装具备公共电网和分布式电源的故障分界、离并网管控以及接入后的电能质量仲裁功能的开关设备，可将其定义为"网源分界开关"。网源分界开关可实现以下功能：

（1）故障分界功能，满足快速切除分布式电源内部故障的功能。

（2）防孤岛保护功能，系统侧无压掉闸，防止分布式电源非计划性孤岛运行，避免检修情况下反送电，消除线路检修安全隐患。

（3）电能质量仲裁功能，实时监测和评价分布式电源向配电网送出的电能质量，为分布式电源电能质量仲裁提供依据。电能质量仲裁结果根据需要可作用于跳闸和告警。

（4）联络转供功能，当大电网停电后，配合主站系统实现分布式电源的计划性孤岛运行，构建区域配电网，最大限度消纳分布式电源。

（5）源荷特性监测功能，监测并网点的电源特性和负荷特性，为区域配电网中分布式电源的规划、建设、运行、检修提供数据支撑。

8 有源配电网故障特征及适用性评判

8.1 有源配电网模型及故障特征

传统辐射状配电网潮流从母线沿着馈线流向负荷，在分布式电源接入背景下，配电网潮流大小和方向可能发生变化，配电网故障特征如馈线节点电压、保护安装处电流等也会发生变化。本节以分布式光伏接入配电网为例，结合有源配电网各类建模方法，对配电网故障特征进行分析阐述。

8.1.1 有源配电网模型

配电网及分布式光伏模型有多种建立方式，可用于模拟计算不同类型配电网故障态下的情况。下面分别介绍理论等效法和数字仿真法。

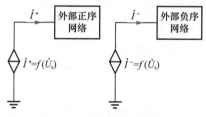

图 8-1 光伏电源等效示意图

1. 理论等效法

光伏电源输出的正负序电流受并网点电压控制，可等效为受并网点电压控制的压控电流源，构成含分布式电源配电网等效电路，如图 8-1 所示。

依托以上等效，即可建立含分布式电源配电网的节点导纳矩阵，并利用初始值和故障点边界方程即可迭代计算短路电流、电压，如图 8-2 所示。

该方法简单实用，模型搭建及计算速度快，可作为计算有源配电网状态的基本方法。

2. 数字仿真法

基于数字仿真平台的各类型模块，可建立分布式光伏数字模型，典型的光伏发电并网系统由光伏电池阵列、逆变器和控制器组成。逆变器主要由电力电子开关器件连接电感组成，以脉宽调制形式将光伏电池阵列所发之直流电逆变成正弦电流注入电网中。控制器用来控制并网电流的波形。光伏模型包括主接线和控制策略两部分。

124

对配电网各类设备的建模应包括电源、变压器、负荷、线路、故障等。电源可采用三相电压源模块，设置额定电压；变压器可采用高压侧为星形接线、低压侧为三角形接线的实际变压器模型，参数设置变比、铜损、铁损等；负荷设置为消耗定额有功及无功功率的模型；线路采用电阻、电抗进行等效；故障采用专门的故障模块，并设置故障类型、过渡电阻等参数。

该方法计算精度高，但相较理论等效法而言其模型搭建慢，可作为精确计算有源配电网状态的方法。

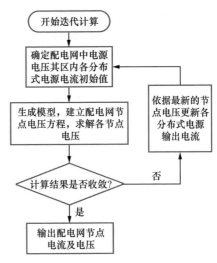

图 8-2 迭代计算流程

8.1.2 有源配电网的故障特征

典型有源配电网 10kV 线路如图 8-3 所示。该线路网架结构为单辐射线路，共计 16 个节点，设置 13 个 400V 用户台区，以及 2 个 400V 接入的光伏台区（分别接入节点 15、16）；变电站出口断路器处（节点 1 处）配置过电流 I 段和过电流 III 段保护。

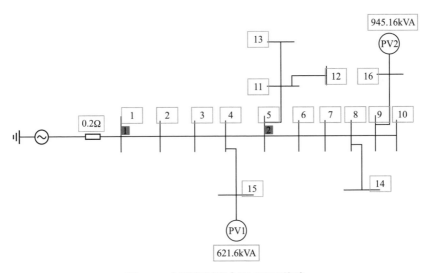

图 8-3 典型有源配电网 10kV 线路

1. **不同过渡电阻**

过渡电阻分别为 0.01、5、10Ω 时，图8-3 中节点3发生各类故障时，对比有、无光伏情况下保护安装处电流特征，如图8-4、图8-5 所示。

有光伏相较无光伏时，在各种过渡电阻情况下，故障后流过保护安装处的电流（总体趋势）为减小。在发生三相短路故障且过渡电阻最大时，电流减少最显著。

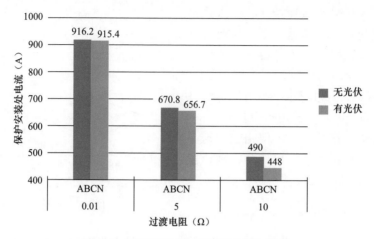

图 8-4　不同过渡电阻时三相故障的情况

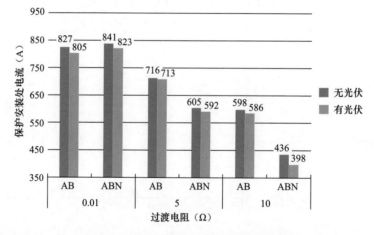

图 8-5　不同过渡电阻时两相故障的情况

2. 不同故障位置

故障点分别位于图 8-3 中节点 3、节点 5、节点 10，过渡电阻 5Ω，有、无光伏时保护安装处电流特征如图 8-6 ～图 8-8 所示。

有光伏相较无光伏时，在各故障位置下，故障后流过保护安装处的电流（总体趋势）为减小。线路末端发生两相短路接地故障时，电流减少最显著。

3. 光伏出力及位置变化

光伏出力减小且光伏安装位置远离保护安装处，此时保护安装处电流特征对比如图 8-9 所示。

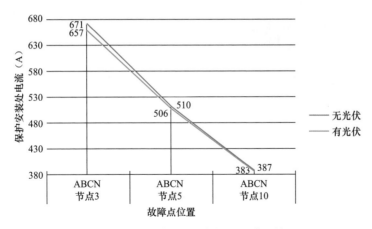

图 8-6 不同故障位置三相短路故障的情况

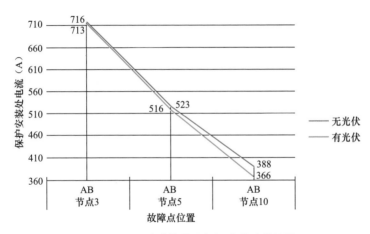

图 8-7 不同故障位置两相短路故障的情况

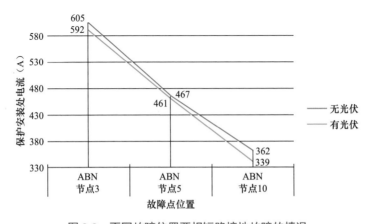

图 8-8 不同故障位置两相短路接地故障的情况

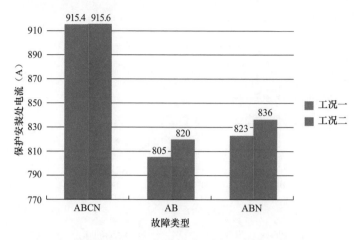

图 8-9　光伏容量变小且离保护安装处更远时的故障特征

　　此时故障点位于图 8-3 中节点 3，金属性故障，工况一：光伏 1 安装在节点 15、光伏 2 安装在节点 16；工况二：光伏 1、2 容量减少到工况一的 37.5%，光伏 1 移动到节点 8。光伏容量变小且离保护安装处更远时，故障后流过保护安装处的电流越大，两相短路故障时电流增加最显著。这是由于分布式电源接入后，对保护安装处电流起到减小作用，而当光伏容量变小或远离保护安装处时，这种作用被削弱了。

　　4. 故障点位于相邻线路

　　当故障点位于相邻线路，未接入分布式光伏时，保护安装处流过的是负荷电流；接入分布式光伏后，保护安装处流过反向故障电流，故障电流大小与光伏容量相关。容量越大，反向电流越大。

　　5. 故障后电压分布

　　图 8-3 中节点 3 发生三相短路故障时，有、无光伏时故障后全线路电压分布变化如图 8-10 所示。

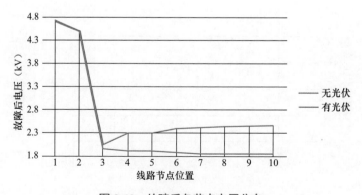

图 8-10　故障后各节点电压分布

有光伏相较无光伏时，故障后全线路均有电压抬升，且从故障点到线路末端的电压抬升作用较为明显。最大电压抬升发生在线路末端安装光伏的节点（节点9）。

8.2　有源配电网保护及馈线自动化适用性评判

当分布式新能源接入配电网时，网络由单端供电网络变为多端供电网络，配电网故障电流特性发生改变，可能导致继电保护拒动或误动、馈线自动化系统不能正常工作、自动重合闸失败等问题，影响配电网安全运行。此时，可开展继电保护及馈线自动化适用性评判，以确定继电保护及馈线自动化是否适用当前分布式光伏接入的情况。

8.2.1　有源配电网电流保护适用性评判

采用计算得到的短路电流、电压对各继电保护装置的定值进行校验，以判断其适用性。具体评判方法可采用：

1）灵敏度校核，灵敏度满足则不受影响，不满足则可能拒动。

2）保护范围校核，保护范围不变则不受影响，保护范围扩大则可能误动，保护范围缩小则会拒动。

有源配电网保护适用性评判流程如图 8-11 所示。

步骤 1：通过迭代计算确定最极端工况。

确定线路参数、分布式电源接入位置和容量、故障点位置（干线及各分支末端）及故障类型（两相短路）。对于各故障情况，分别建立含分布式电源的配电网等值模型及节点导纳方程，并利用初始值和故障点边界条件迭代计算短路电流。确定最极端工况（故障点位置在干线或某分支末端时，对于电流保护最不利，即短路电流最小时）。

步骤 2：通过仿真精确计算最小短路电流。

根据步骤 1 确定的最极端工况，通过仿真精确得出最小短路电流，并通过仿真得出评被保护线路出口的三相短路电流。

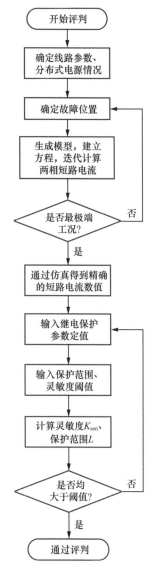

图 8-11　有源配电网保护适用性评判流程

步骤 3：计算评判指标。

选取灵敏度和保护范围作为评判指标，采用以下方法计算。

（1）灵敏度。

$$K_{\text{sen}}=\frac{I_{\text{k}}}{I_{\text{set}}} \tag{8-1}$$

式中　K_{sen}——灵敏度系数；

　　　I_{k}——短路电流；

　　　I_{set}——电流保护功能设定的定值，评判 I 段时采用被保护线路出口的三相短路电流（步骤2），评判 II、III 段时采用被保护线路末端两相短路电流（步骤2得到的最小短路电流）。

（2）保护范围。

$$L=\left(\frac{E}{I_{\text{set}}}-Z_{\text{smax}}\right)/z_1 \tag{8-2}$$

式中　　L——保护范围；

　　　　E——系统侧电源电动势；

　　Z_{smax}——最小运行方式下系统阻抗；

　　　　z_1——线路单位长度正序阻抗。

8.2.2　实例分析

应分别对各类继电保护定值进行评判，以确定配电网接入分布式电源后保护定值的适用性。以图 8-3 所示典型 10kV 配电网线路为例，该线路变电站出口断路器处配置过电流 I 段保护，保护定值 480A；配置过电流 III 段保护，保护定值 240A。

1. I 段电流速断保护评判

根据 DL/T 584—2017《3kV ~ 110kV 电网继电保护装置运行整定规程》设置灵敏度阈值为 1，被保护线路出口的三相短路电流经计算为 2030A，则实际灵敏度 K_{senI}=2030A/480A=4.23；保护范围阈值设置为 15% 线路全长，实际保护范围 L_{I} 经计算为 27.36% 线路全长。

发生故障时，过电流 I 段保护灵敏度较无光伏时下降，保护范围缩小约 8.8%。原 I 段电流速断保护能保护线路全长 30%，现保护线路全长 27.36%。

2. III 段过负荷保护评判

根据 DL/T 584—2017《3kV ~ 110kV 电网继电保护装置运行整定规程》设置灵敏度阈值为 1.5，被保护线路末端两相短路电流经计算为 421A，则实际灵敏度 K_{senIII}=421A/240A= 1.75；保护范围阈值设置为 100% 线路全长，实际保护范围 L_{III} 经计算为 100% 线路全长。

发生故障时，过电流Ⅲ段保护（过负荷保护）在线路末端发生两相短路故障（保护感受到短路电流最小的情况）时，保护不会拒动，仍能保护线路全长。

3．评判结论

线路Ⅰ段电流速断保护定值以及Ⅲ段过负荷保护定值满足适用性评判要求，对现有光伏接入的情况可适用。

8.2.3　有源配电网馈线自动化适用性分析

分布式电源使得配电网潮流随着其投切而发生变化，会对各开关之间动作的逻辑性造成影响，致使故障范围扩大。配电网运行大多为单电源供电模式，大量分布式电源并网后，单电源网络变为多电源网络，潮流变为双向流动，这将导致基于单向潮流设计的馈线自动化性能下降，无法及时隔离故障、恢复供电。

1．分布式电源接入影响自适用综合型馈线自动化失压分闸的动作逻辑

当故障发生时，分布式电源不会立即脱网，接入周边区域节点会出现残压。如果在馈线首端断路器检测到故障电流切除馈线后，分布式电源附近节点残压数值仍大于失压分闸的整定值，则失压分闸模块会产生拒动，对自适用综合型馈线自动化失压分闸的动作逻辑产生影响。

2．分布式电源接入影响自适用综合型馈线自动化有压合闸的动作逻辑

如果在馈线逐级恢复过程中分布式电源附近节点残压数值高于有压合闸模块的整定值，则在电源侧未来电的情况下会使有压合闸模块出现误动。

因此，适用性判据可设置为：

（1）馈线切除后，馈线自动化开关所处位置残压值小于该开关失压分闸模块的整定值。

（2）馈线逐级恢复过程中，馈线自动化开关所处位置残压值小于该开关有压合闸模块的整定值。

当以上两条同时满足时，可认为馈线自动化通过适用性评判。

9 典型应用案例分析

9.1 概 述

随着配电线路规划、建设等工作推进，配电网智能化水平不断提升，分区域、分等级的馈线自动化得到广泛应用。由于配电网线路变化和负荷变化较频繁，馈线自动化策略需要随着配电线路负荷变化、方式调整、分布式新能源及储能接入等情况动态更新，满足各种方式下自动化可靠动作的要求，因此，案例分析是针对线路馈线自动化策略动作正确性、对系统"$N-1$"通过率、线路及网架变化等通用性进行分析的一种必要手段。通过故障分析，可以从设备动作"四性"（灵敏性、快速性、可靠性、选择性）、数据采集传输及展示正确性、网架承载能力等方面，全面检验馈线自动化策略的合理性，并根据分析结果，对设备、电网、策略优化提出改进方案形成闭环管控流程，使电网及线路可靠性进一步得到提升。

馈线自动化案例分析应从设备、网架、策略等多方面进行典型故障分析工作，分析结果不应仅停留在明确故障过程阶段，应从各个方面对现状提出改进方案，并针对项目进行开展相应的治理工作，形成闭环管控机制。

1. 设备治理

（1）拒动作：这类问题通常发生在一次设备方面，弹簧机构、控制回路等存在问题，导致保护分闸、智能合闸出现问题，扩大事故停电范围，应对一次设备进行停电传动工作，对于可修复内容进行"立行立改"，对于运行年限超过 12 年等老化问题，应列入技术改造计划或结合其他类型改造工作进行更换，建立设备治理台账，逐步落实。

（2）误动作：这类问题通常发生在终端保护定值及参数设定环节，如配电网线路变化、负荷增加、装置内定值及参数未及时进行修改等，应结合故障分析，重新开展定值整定计算。

2. 网架治理

负荷转供：馈线自动化通常满足故障精准隔离，但非故障区域负荷 100% 转供策略落实受联络线路电源点负载率、线路线径承载力等影响，真正实现存在困难。应结合案例分析，对电源点建设、线路负载能力提升提出优化建议，并通过基础设施建设项目进行落实。

3. 策略治理

（1）用户管控：根据近几年发生配电网线路故障的类型及概率分析，用户故障及分支故障引起配电网线路跳闸的概率占比为70%～80%，用户原因占比更是高达50%以上。传统配电网线路多采用保护级差方式，变电站保护定值（尤其是过电流Ⅰ段定值）延时无法长时限开放，导致越级故障频发。因此，需要对用户设备加强治理，建议用户部署级差保护，延时0s跳闸，且不参与馈线自动化策略。同时，在产权分界点通过增加远传型故障指示器方式实现故障精准定位。

（2）线路调节：配电网接线复杂、T接线及T接变压器多，又由于负荷投切、优化线损及故障隔离等运行方式变化导致相应的配电网线路网架处于动态更新状态，应及时调整馈线自动化策略，因此馈线自动化策略是一个动态跟踪调节的过程，不存在一次部署、长期适用的情况。

馈线自动化案例分析思路以具体的实用化应用案例为例，其总体分析管控过程如图9-1所示。

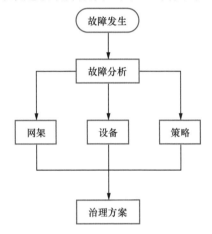

图9-1 实用化应用案例分析管控

9.2 典型应用案例

9.2.1 主站集中式馈线自动化典型应用案例

1. 运行现状

10kV 566×× 线投运于2001年，总长4.8km，导线型号主要为ZR-YJLV22-240×2型电力电缆，总容量14 185kVA；10kV 577×× 线投运于2003年，总长5.3km，导线型号主要为ZR-YJLV22-240×2型电力电缆，总容量15 010kVA。两条线路隶属于张家口某区供电中心，运行方式为单环网开环运行。线路拓扑图如图9-2所示。

2. 一、二次设备配置

每条馈线有3个自动化环网柜，其6个间隔均为断路器，采用5G通信方式接入配电自动化系统，配置情况见表9-1。

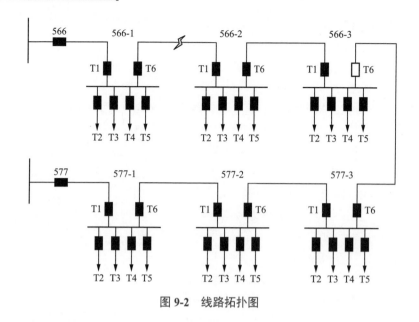

图 9-2　线路拓扑图

表 9-1　　　　　　　　　线路配置情况

变电站	所属馈线	安装位置	一次设备	开关类型	二次设备	通信方式
YL 变电站	566×× 线	1 号环	A 厂家	全断路器	B 厂家	5G
		2 号环	A 厂家	全断路器	B 厂家	5G
		3 号环	A 厂家	全断路器	B 厂家	5G
JJF 变电站	577×× 线	1 号环	A 厂家	全断路器	B 厂家	5G
		2 号环	A 厂家	全断路器	B 厂家	5G
		3 号环	A 厂家	全断路器	B 厂家	5G

　　两条线路配置智能分布式馈线自动化作为主保护，快速、就近隔离故障；主站集中式作为后备保护，终端配置故障信息上送功能，对现场故障后开关动作逻辑进行判断，并为后续故障的进一步定位与最大程度恢复供电提供操作方案。

　　3. 集中式馈线自动化策略部署

　　566×× 线与 577×× 线均投入集中式馈线自动化作为后备保护，功能配置如下：

　　（1）处理模式：自动定位。

　　（2）功能投退：馈线自动化投入。

　　（3）馈线自动化类型：集中式馈线自动化。

　　（4）短路故障启动条件："分闸 + 保护""分闸 + 事故总"。

（5）接地故障启动条件："接地信号+母线接地""接地信号+外施信号"。

（6）挂牌不启动馈线自动化：检修、故障、停运。

（7）保护信号：默认值，未做特殊处理。

（8）等待信号时间：30s。

张家口地区仅投入半自动馈线自动化策略，即参与故障的隔离，提供转带方案，由调控人员确认方案是否执行。

4. 馈线自动化动作情况

2022年6月7日13时02分，566××线1号环网柜T6断路器、566××线2号环网柜T1断路器跳闸。经巡视发现1号环至2号环之间联络电缆因施工挖断，但因负荷不满足全部转带要求，联络断路器未合闸。经由主站集中式馈线自动化计算，将566××线2号环T3断路器所带棉纺厂拉开，符合转带条件，后由遥控执行，确保民生用电。

主保护（智能分布式馈线自动化，如图9-3所示）动作情况如下：

（1）566-1号环网柜、566-2号环网柜联络线故障。

（2）设备检测到线路故障信息，智能分布式馈线自动化保护启动，定位至566-1号、566-2号之间。保护跳开566-1号环T6断路器、2号环T1断路器。

（3）经计算，577线无法转带566-2号、566-3号环的所有负荷，智能分布式馈线自动化动作结束，整体故障处理时间在300ms以内。

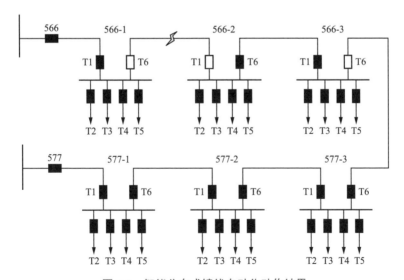

图9-3 智能分布式馈线自动化动作结果

后备保护（主站集中式馈线自动化，如图9-4所示）动作情况如下：

（1）主站收到566线"1号环事故总+1号环T6断路器分闸"，满足启动条件，开始收集信号。

（2）信号收集完毕，系统启动故障分析。主站根据各终端上送故障信息，定位故障点在 566-1 号环网柜 T6 下游，并对智能分布式馈线自动化动作逻辑进行判断：仅完成了故障隔离，并未执行转带工作。

（3）经判断，联络线路不能全部恢复故障下游负荷，需要对恢复负荷进行消减，先遥控分开 566-2 号环 T3 断路器，切除棉纺厂负荷，随后遥控合闸 566-3 号环 T6 联络断路器，实现负荷侧非故障区域恢复供电。切除负荷时，根据负荷的重要程度，优先保障重要用户和民生用电。

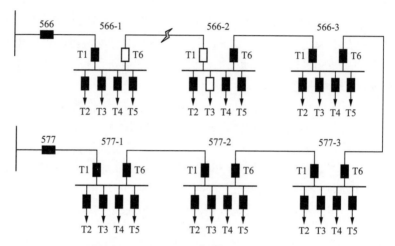

图 9-4　主站集中式馈线自动化动作结果

就地型馈线自动化，可快速定位、隔离故障，避免变电站出口断路器跳闸，导致停电范围扩大，但在负荷转带过程较为粗放；主站集中式馈线自动故障信息收集全面，可以更加精确定位故障区间，最大程度恢复线路供电。将就地型和集中型结合使用，既可满足故障的快速隔离，也可实现负荷的精细化管理，更加适合现在配电网对保护的需求。

9.2.2 "保护级差 + 就地重合器式馈线自动化"典型应用案例

1．运行现状

某 35kV 变电站 221 线路，如图 9-5 所示，该线路带有 6 个行政村及某区负荷。221 线路全长 24km，包括 51 台专用变压器、11 台公用变压器、9 台箱式变电站，共计 20 台柱上断路器及 1 个环网柜，用户接入总容量约为 19 325kVA。

2．一、二次设备配置

221 线路中共 18 台柱上断路器，经设备改造均具备"三遥"功能。

因线路为单辐射线路，线路分支及次分支较多，一、二次设备数量较多，具体配置情况见表 9-2。

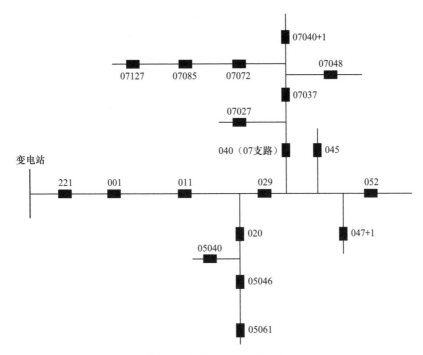

图 9-5 南汉路线路单线图

表 9-2   线 路 配 置 情 况

所属馈线	线路类型		安装位置	开关类型	二次设备类型	通信方式
221 线	主干线		221	断路器	FTU	4G
			001	断路器	FTU	4G
			029	负荷开关	FTU	4G
			052	负荷开关	FTU	4G
	05 分支线	分支	020	断路器	FTU	4G
			05046	负荷开关	FTU	4G
			05061	负荷开关	FTU	4G
		次分支	05040	断路器	FTU	4G
	07 分支线	分支	040	断路器	FTU	4G
			07037	负荷开关	FTU	4G
			07040+1	负荷开关	FTU	4G
		次分支	07027	断路器	FTU	4G
			07048	断路器	FTU	4G
			07072	断路器	FTU	4G
			07085	负荷开关	FTU	4G
			07127	负荷开关	FTU	4G
	分支		045	断路器	FTU	4G
	分支		047+1	断路器	FTU	4G

该长线路配置保护级差 + 就地重合器式馈线自动化作为故障处理策略，因线路不做负荷转供，配电主站不参与故障处理逻辑，但就地处理结果需通过通信系统上传至配电主站，作为后续检修的辅助手段，帮助更快地查找故障点，因此终端配置故障信息上送功能。

3. 馈线自动化策略部署

综合考虑变电站变压器、10kV 线路配置等情况，按照级差保护与馈线自动化配合的各类模式，选择"保护级差 + 就地重合器式馈线自动化"方式实现故障就地快速精准隔离，由于线路为辐射型线路，因此不考虑负荷转供。具体的策略部署情况见表 9-3。

表 9-3 　　　　　　　　　　现 221 线路策略部署的定值及参数

线路分类		安装位置	保护定值及参数	馈线自动化参数	保护功能	重合闸	馈线自动化
主干线		变电站出口 221 断路器	I_1:25A, 0.3s; I_2:6A, 0.4s	—	投跳闸	投两次重合闸	不投入
		001	I_1:23A, 0.3s; I_2:6A, 0.4s	X/Y:7s/3s	投告警	不投入	投入
		029	I_1:23A, 0.3s; I_2:6A, 0.4s	X/Y:7s/3s	投告警	不投入	投入
		052	I_1:23A, 0.2s; I_2:6A, 0.3s	X/Y:7s/3s	投告警	不投入	投入
05 分支线		020	I_1:23A, 0.1s; I_2:6A, 0.2s	—	投跳闸	投两次重合闸	不投入
	分支	05046	I_1:15A, 0.1s; I_2:6A, 0.2s	X/Y:7s/3s	投告警	不投入	投入
		05061	I_1:15A, 0.1s; I_2:6A, 0.2s	X/Y:7s/3s	投告警	不投入	投入
	次分支	05040	I_1:15A, 0s; I_2:6A, 0.1s	—	投跳闸	不投入	不投入
07 分支线		040	I_1:21A, 0.1s; I_2:6A, 0.2s	—	投跳闸	投两次重合闸	不投入
	分支	07037	I_1:15A, 0.1s; I_2:6A, 0.2s	X/Y:7s/3s	投告警	不投入	投入
		07040+1	I_1:15A, 0.1s; I_2:6A, 0.2s	X/Y:7s/3s	投告警	不投入	投入

续表

线路分类		安装位置	保护定值及参数	馈线自动化参数	保护功能	重合闸	馈线自动化
07分支线	次分支	07027	I_1:12A, 0s; I_2:6A, 0.1s	—	投跳闸	投两次重合闸	不投入
		07048	I_1:12A, 0s; I_2:6A, 0.1s	—	投跳闸	不投入	不投入
		07072	I_1:12A, 0s; I_2:6A, 0.1s	—	投跳闸	不投入	不投入
		07085	—	X/Y:7s/3s	投告警	不投入	投入
		07127	—	X/Y:7s/3s	投告警	不投入	投入
分支		045	I_1:21A, 0.1s; I_2:6A, 0.2s	—	投跳闸	不投入	不投入
分支		047+1	I_1:21A, 0.1s; I_2:6A, 0.2s	—	投跳闸	不投入	不投入

4. 馈线自动化动作情况

2023 年 1 月 27 日 8 时 54 分，07040+1 号杆负荷侧落异物，造成相间短路，馈线自动化启动，隔离故障。图 9-6 为具体故障原因。

图 9-6　故障点图片

动作序列如下（投入 S 时限为 60s）：

（1）0.1s，040（07 支路）号开关保护速断动作，故障电流折算一次值 3327A。

（2）1.1s，040（07 支路）号开关重合闸动作。

（3）8.1s，07037 号开关经延时合闸。

（4）15.1s，07040+1 号开关延时合闸，并合闸于故障。

（5）15.2s，040（07 支路）号开关速断保护再次动作，故障电流折算一次值 3202A。

（6）22.2s，040（07 支路）号开关第二次重合闸动作。

（7）29.2s，07037 号开关经延时合闸。

（8）36.2s，07085 号开关合闸。

（9）43.2s，07127 号开关合闸。

5. 案例分析

BJW 站 221 线路故障通过故障支线重合闸及馈线自动化实现了精准故障隔离。

1）221 线路馈线自动化策略按照"一线一策"方式，结合线路薄弱点、开关分布、重要负荷分配情况，进行馈线自动化策略部署，符合线路馈线自动化策略部署的基本原则。

2）馈线自动化策略，可实现故障点精准隔离，并保证供电区域内重要负荷的供电保证，较之前纯级差保护方式在扩大事故停电范围、增加故障排除范围、耗时长的缺点方面有了更大的提升。

3）此次动作是本线路投入"保护级差 + 馈线自动化"后对故障处理的一次动作全过程，成功隔离了故障点。但是，馈线自动化策略的使用，对主变压器设备造成二次故障冲击，因此，馈线自动化策略部署应从网架、设备、重要负荷等方面进行考虑。根据 DL/T 1684—2017《油浸式变压器（电抗器）状态检修导则》，短路冲击电流在允许短路电流的 50% ~ 70%，次数累计达到 6 次及以上；短路冲击电流在允许短路电流的 70% ~ 90%；短路冲击电流超过允许短路电流的 90% 时，需做油色谱分析。如油色谱异常，则进行 C 类检修，进行例行试验及绕组变形等诊断性试验，必要时进行局部放电试验，查找色谱异常原因并处理。BJW 变电站主变压器在 2021 年增容，设备满足国家标准、行业标准的要求，因此，自动化策略部署满足条件。

4）该线路需要考虑开放变电站级差而带来的设备运行风险。因故障点在线路任意一点均有可能发生，开放 300ms 延时，当发生在变电站开关及部署保护首级开关之间故障时，变电站开关需要承受故障电流时间由原来 70 ~ 80ms（四个峰值电流冲击）变化为 370 ~ 380ms，因此，主设备稳定性及机械特性恶化风险增大，因此，建议不满足"N-1"通过率的变电站慎重考虑在近端部署带级差的馈线自动化策略，避免两次近处短路冲击造成主变压器内部绝缘、元件等发生不可逆损坏，而负荷无法转供，造成大面积、长时间停电。

9.2.3 速动型智能分布式馈线自动化典型应用案例

1. 运行现状

LST 110kV 变电站 541 南站杆线线路长度 6.3km，供电半径 4.2km，线路全部为电缆线路，采用排管与直埋相结合的方式敷设，2021～2022 年发生故障停电 7 次，用户故障、施工外破等故障时有发生，严重影响了线路的供电可靠性。该线路有 2 台主干线环网柜，均为老旧的非自动化设备，整条线路不具备自动化功能，线路任一位置发生故障，均会导致站内出线开关跳闸。

该线路有 2 个联络点，分别为与 LST 110kV 变电站 538×× 线、YL 220kV 变电站 564×× 线进行联络，联络开关不具备自动化功能，需要手动进行操作。

YL 220kV 变电站 564×× 线线路长度 9.5km，供电半径 4.4km，线路全部为电缆线路，采用排管与直埋相结合的方式敷设，2021～2022 年发生故障停电 5 次，线路供电可靠性不高，而且 564×× 线所带国际大酒店为市重点保电客户，供电可靠性需求较高。该线路有 1 台主干线环网柜，为老旧的非自动化设备，整条线路不具备自动化功能，线路任一位置发生故障，均会导致站内出线开关跳闸。

2. 一、二次设备配置

（1）变电站出线断路器情况。

LST 变电站出线开关为断路器，其保护 TA 变比 600A/5A，一段保护 19A，0.5s；二段保护 8.5A，1.5s。

YL 变电站出线开关为断路器，其保护 TA 变比 600A/5A，一段保护 50A，0.5s；二段保护 7.5A，1.5s。

（2）一、二次设备配置及保护设置情况。

该拉手线路的 4 台环网柜均为 6 分支、固体绝缘、全断路器环网柜，电流互感器保护线圈变比均为 600A/5A。一次设备参数及保护定值设置情况见表 9-4。

表 9-4　　　　　　　　　一次设备参数及保护定值设置

项目	参数设置	项目	参数设置
额定电压	12kV	额定电流	630A
额定频率	50Hz	短时耐受电流	25kA/4s
峰值耐受电流	63kA	额定工频耐受电压 [1min]	42kV
额定雷电冲击耐受电压	75kV	执行标准	GB/T 17467
541-1 号环 T1 过电流 I 段保护定值	8.5A	541-1 号环 T1 过电流 I 段保护动作时间	0.3s

项目	参数设置	项目	参数设置
541-1 号环 T2 过电流Ⅰ段保护定值	8.5A	541-1 号环 T2 过电流Ⅰ段保护动作时间	0.3s
541-1 号环 T3 过电流Ⅰ段保护定值	8.5A	541-1 号环 T3 过电流Ⅰ段保护动作时间	0.3s
541-1 号环 T4 过电流Ⅰ段保护定值	8.5A	541-1 号环 T4 过电流Ⅰ段保护动作时间	0.3s
541-1 号环 T5 过电流Ⅰ段保护定值	8.5A	541-1 号环 T5 过电流Ⅰ段保护动作时间	0.3s
541-1 号环 T6 过电流Ⅰ段保护定值	8.5A	541-1 号环 T6 过电流Ⅰ段保护动作时间	0.3s
541-2 号环 T1 过电流Ⅰ段保护定值	8.5A	541-2 号环 T1 过电流Ⅰ段保护动作时间	0.3s
541-2 号环 T2 过电流Ⅰ段保护定值	8.5A	541-2 号环 T2 过电流Ⅰ段保护动作时间	0.3s
541-2 号环 T3 过电流一段保护定值	8.5A	541-2 号环 T3 过电流Ⅰ段保护动作时间	0.3s
541-2 号环 T4 过电流Ⅰ段保护定值	8.5A	541-2 号环 T4 过电流Ⅰ段保护动作时间	0.3s
541-2 号环 T5 过电流Ⅰ段保护定值	8.5A	541-2 号环 T5 过电流Ⅰ段保护动作时间	0.3s
541-2 号环 T6 过电流Ⅰ段保护定值	8.5A	541-2 号环 T6 过电流Ⅰ段保护动作时间	0.3s
564-1 号环 T1 过电流Ⅰ段保护定值	7.5A	564-1 号环 T1 过电流Ⅰ段保护动作时间	0.3s
564-1 号环 T2 过电流Ⅰ段保护定值	7.5A	564-1 号环 T2 过电流Ⅰ段保护动作时间	0.3s
564-1 号环 T3 过电流Ⅰ段保护定值	7.5A	564-1 号环 T3 过电流Ⅰ段保护动作时间	0.3s
564-1 号环 T4 过电流Ⅰ段保护定值	7.5A	564-1 号环 T4 过电流Ⅰ段保护动作时间	0.3s
564-1 号环 T5 过电流Ⅰ段保护定值	7.5A	564-1 号环 T5 过电流Ⅰ段保护动作时间	0.3s
564-1 号环 T6 过电流Ⅰ段保护定值	7.5A	564-1 号环 T6 过电流Ⅰ段保护动作时间	0.3s
564-2 号环 T1 过电流Ⅰ段保护定值	7.5A	564-2 号环 T1 过电流Ⅰ段保护动作时间	0.3s
564-2 号环 T2 过电流Ⅰ段保护定值	7.5A	564-2 号环 T2 过电流Ⅰ段保护动作时间	0.3s
564-2 号环 T3 过电流Ⅰ段保护定值	7.5A	564-2 号环 T3 过电流Ⅰ段保护动作时间	0.3s
564-2 号环 T4 过电流Ⅰ段保护定值	7.5A	564-2 号环 T4 过电流Ⅰ段保护动作时间	0.3s
564-2 号环 T5 过电流Ⅰ段保护定值	7.5A	564-2 号环 T5 过电流Ⅰ段保护动作时间	0.3s
564-2 号环 T6 过电流Ⅰ段保护定值	7.5A	564-2 号环 T6 过电流Ⅰ段保护动作时间	0.3s

　　二次设备均采用 CSG-200 型号 DTU，除具备基本的"三遥"、故障录波、参数调阅等功能外，还具备速动型智能分布式馈线自动化功能。

　　（3）通信方式。

　　线路上配置的 4 台 DTU 采用 EOPN 网络进行通信，2 个变电站内各安装一台 OLT，4 个终端各配置一台 ONU，两个站内 OLT 通过配电网调度数据网实现对配电自动化主站以及终端之间互相通信。通信网络结构如图 9-7 所示。

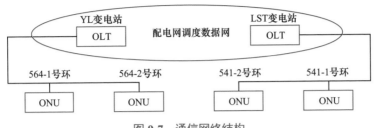

图 9-7　通信网络结构

（4）投运注意事项。

1）注意联络开关的位置，且正常应该处在热备用状态。

2）断路器合闸前先断开接地开关，然后合隔离开关，隔离开关合到位后先将合闸手柄取出后再合断路器。

3）远方 / 就地开关。开关柜的远方 / 就地，打到就地位置时，可以通过本体电动操动按钮控制开关的分合闸；打到远方位置时，可遥控操作开关分合闸。DTU 装置面板上远方 / 就地把手，①当 DTU 面板上的手柄打到就地时可以通过DTU 上的电动操作按钮来控制开关的分合闸；②当 DTU 面板上的手柄打到远方位置时，需调度人员通过配电自动化主站控制开关的分合闸。特别注意：正常运行情况下 DTU 和开关柜上的远方 / 就地位置手柄均打到远方位置，使开关处于可被遥控的状态。

3. 馈线自动化策略配置

针对当前的运行现状，考虑将 541 南站杆线与 564 WJZ 线做成拉手线路，分别配置 2 台自动化全断路器环网柜，投入速动型智能分布式馈线自动化功能，分支故障就近隔离，其他故障选择最小区域隔离同时通过合联络开关的方式实现非故障区域的快速恢复供电，从而提高两条线路的供电可靠性。改造后线路拓扑结构如图 9-8 所示。

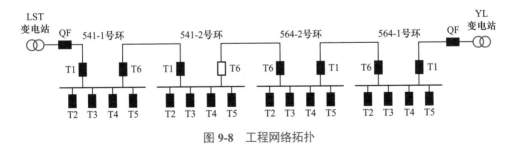

图 9-8　工程网络拓扑

4. 馈线自动化动作情况

2017 年 3 月 1 日 15 时 49 分 52 秒，541 南站杆线 1 号环网柜 T5 开关跳闸。

经巡视发现 541 南站杆线 1 号环 T5 开关所带 151 环网箱变压器故障。隔离故障后试送成功。

如图 9-9 所示，15 时 49 分 52 秒故障发生时，T1、T5 开关分别检测到 B 相电流为 5164A 和 4213A，超过了馈线自动化开关设置的保护电流值，馈线自动化功能启动，并判断出故障类型为位于 541-1 号环 T5 开关之后的分支故障，随后遥控 541-1 号环 T5 开关分闸，将故障隔离在最小的范围内，馈线自动化正确动作。

回线号	电流 I 段限值	电流 I 段时间	I_a	I_b	I_c	I_o	时间
1	1580	130	40	5164	31	0	2017/03/01 15:49:52:0732
5	1580	130	35	4213	27	0	2017/03/01 15:49:52:0732

图 9-9　开关检测到故障电流值

5. 案例分析

本次动作情况是一次典型的分支线故障动作，如图 9-10 所示，分支断路器发生故障后，分支断路器及进线断路器均检测到故障电流，其他开关未检测到故障电流，通过各个终端之间互相通信，通报各自终端故障检测情况，馈线自动化判断故障点在分支断路器 1 号环网柜 T5 开关之后，进而由 1 号环网柜 DTU 遥控 T5 开关分闸，在变电站出线开关动作前将故障隔离，从而实现了故障的最快就近隔离，避免某条分支线故障导致整条线路失电，显著提高了线路的供电可靠性。

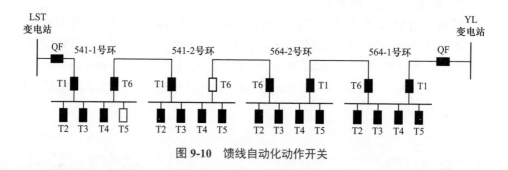

图 9-10　馈线自动化动作开关

参考文献

[1] 刘东. 我国配电自动化的发展历程与技术进展 [J]. 供用电，2014（5）：22-25.

[2] 杨武盖，郑志萍. 配电网自动化技术 [M]. 北京：中国电力出版社，2022.

[3] 国网湖南省电力有限公司电力科学研究院. 新一代配电自动化主站技术与应用 [M]. 北京：中国电力出版社，2022.

[4] 国家电网有限公司运维检修部. 配电自动化运维技术 [M]. 北京：中国电力出版社，2018.

[5] 余南华，陈云瑞. 通信技术 [M]. 北京：中国电力出版社，2012.

[6] 国家电网公司人力资源部. 国家电网公司生产技能人员职业能力培训专用教材：电力通信（上下册）[M]. 北京：中国电力出版社，2010.

[7] 舒印彪. 配电网规划设计 [M]. 北京：中国电力出版社，2018.

[8] 冷华. 配电自动化调试技术 [M]. 北京：中国电力出版社，2015.

[9] 国网湖南省电力公司电力科学研究院. 新一代配电自动化主站技术及应用 [M]. 北京：中国电力出版社，2021.

[10] 广东电网有限责任公司电力科学研究院. 配电自动化系统检测技术 [M]. 北京：中国电力出版社，2021.

[11] 刘健，张志华. 配电网故障自动处理 [M]. 北京：中国电力出版社，2020.

[12] 杨武盖，郑志萍. 配电网自动化技术 [M]. 北京：中国电力出版社，2019.

[13] 梁子龙，李晓悦，邹荣庆，等. 基于5G通信智能分布式馈线自动化应用 [J]. 电力系统保护与控制，2021，49（7）：24-30.

[14] 王永亮. 新一代配电主站测试技术研究与应用 [D]. 济南：山东理工大学，2020.

[15] 刘健，张小庆，赵树仁，等. 配电自动化故障处理性能主站注入测试法 [J]. 电力系统自动化，2012，36（18）：67-71.

[16] 刘健，张志华，陈宜凯，等. 适用于含DG配电网故障处理性能测试的主站注入测试技术 [J]. 电力系统自动化，2017，41（13）：119-124+132.

[17] 王雨杨，杨利君，孟迪. 配电网馈线自动化主站端的应用 [J]. 集成电路应用，2023，40（02）：108-109.

[18] 张卫星，马翔. 基于多级开关同时跳闸条件下的集中式馈线自动化故障定位分析与判断 [J]. 电工技术，2021（23）：55-56.

[19] 裘德玺，宋哲，冷磊磊，等. 基于改进烟花算法的配电网集中式馈线自动化故障定位研究 [J]. 浙江电力，2021，40（09）：99-104.

[20] 李冠斌. 基于馈线自动化信息的配电网故障区段定位方法研究 [D]. 济南: 山东大学, 2021.

[21] 王东, 王昊炜, 高翔, 等. 配电网主站集中式馈线自动化自动配置与检查算法 [J]. 电力安全技术, 2020, 22 (11): 4-7.

[22] 胡右东. 配电网馈线自动化主站管理系统的设计与实现 [D]. 成都: 电子科技大学, 2020.

[23] 刘介才. 供配电技术 [M]. 北京: 机械工业出版社, 2005.

[24] 肖静薇. 基于 5G 技术的配电物联网应用前景分析 [J]. 信息通信, 2020, 208 (04): 277-279.

[25] 王毅, 陈启鑫, 张宁, 等. 5G 通信与泛在电力物联网的融合: 应用分析与研究展望 [J]. 电网技术, 2019, 43 (05): 1575-1585.